AI 工作大揭秘

[美] 布莱恩·戴维·约翰逊◎著

许东华◎译

长江出版传媒 | 长江文艺出版社

图书在版编目（CIP）数据

AI 工作大揭秘 ／（美）布莱恩·戴维·约翰逊著；
许东华译. -- 武汉：长江文艺出版社，2025. 5.
ISBN 978-7-5702-3425-7

Ⅰ. TP18-49

中国国家版本馆 CIP 数据核字第 20259NR640 号

AI 工作大揭秘
AI GONGZUO DAJIEMI

责任编辑：朱嘉蕊		责任校对：程华清
封面设计：胡冰倩		责任印制：邱 莉 胡丽平

出版： 长江出版传媒 长江文艺出版社
地址：武汉市雄楚大街 268 号　　　邮编：430070
发行：长江文艺出版社
http://www.cjlap.com
印刷：武汉科源印刷设计有限公司

开本：880 毫米×1230 毫米　　1/32　　　印张：6.5
版次：2025 年 5 月第 1 版　　　2025 年 5 月第 1 次印刷
字数：60 千字

定价：35.00 元

< 目 录 >

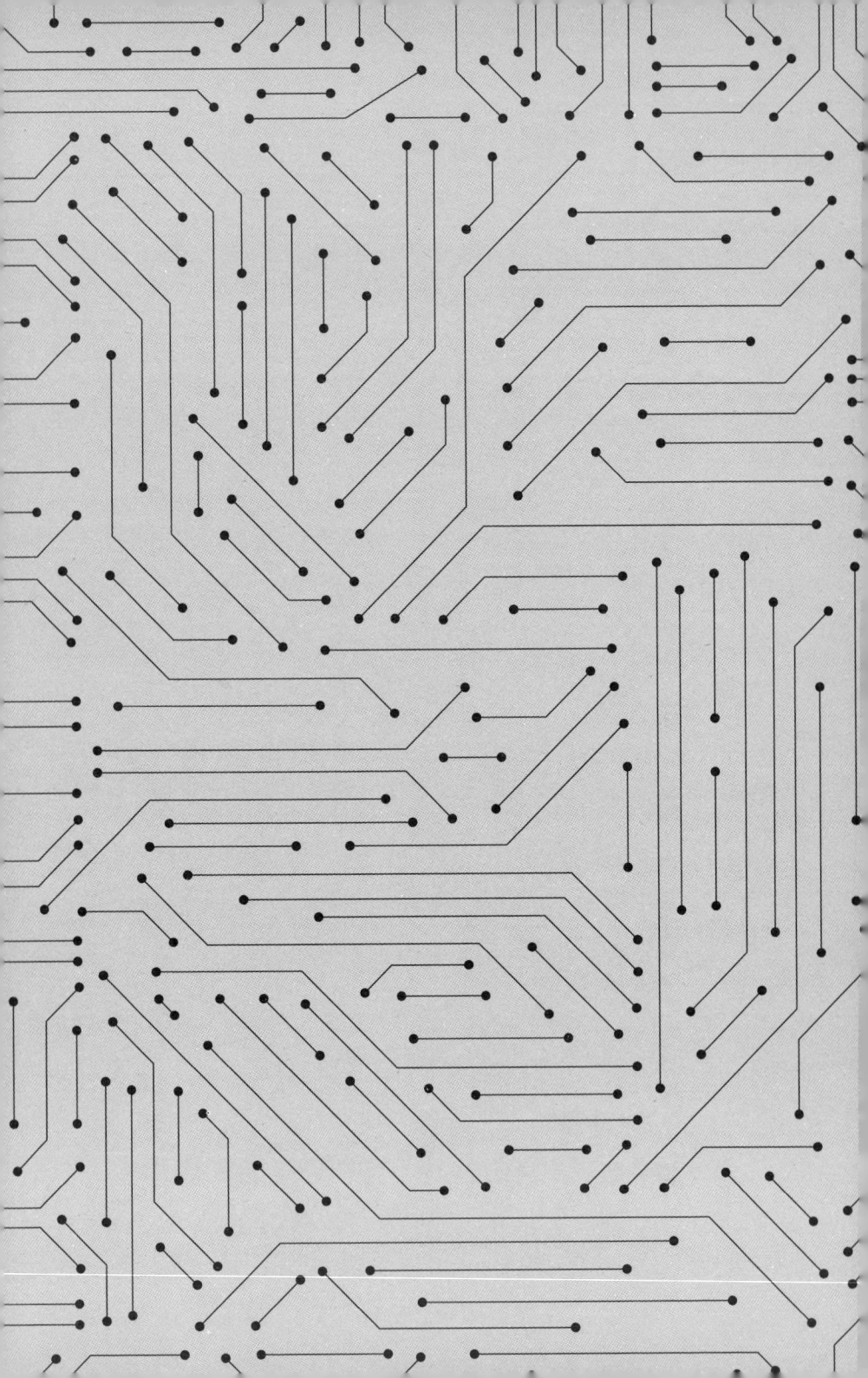

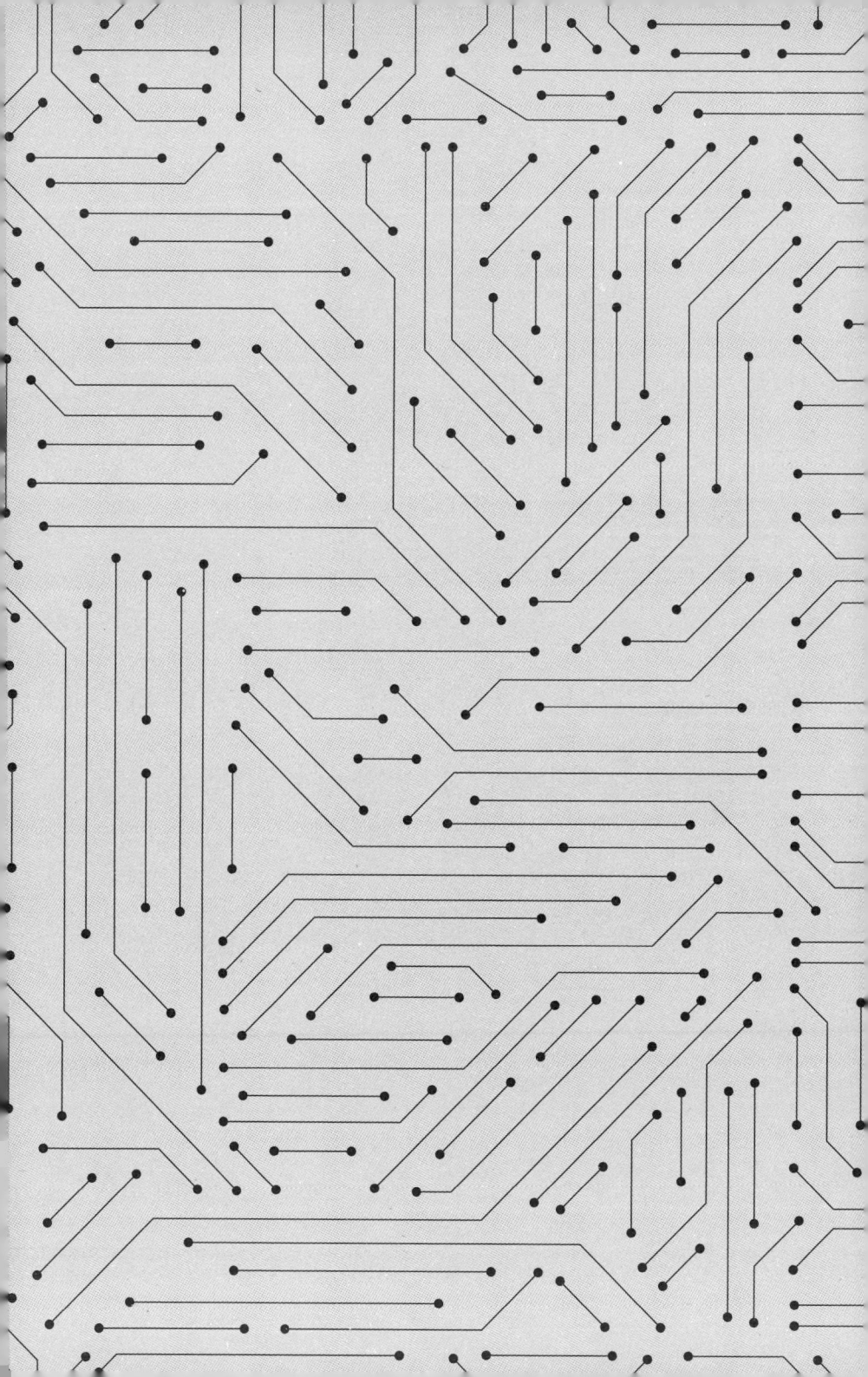

序章

上传中……

解答你所有关于 AI 的问题

在本章中，我们首先会了解 AI 到底是什么，然后用 AI 的思考方式一起编写一款游戏。

确认

你有没有发现，最近好像每个人都在谈论人工智能？它无处不在，并正悄悄地改变我们的生活。也许它会让你的爸爸妈妈有点担心，毕竟，它可能会帮你写你的家庭作业！（不过，这可不太好——我们等会儿再聊聊为什么！）

那么，当我们提到"人工智能"——也就是"AI（Artificial Intelligence）"时，你会想到什么呢？你的脑海里会不会出现这样的画面：一个漂浮在大试管里的塑料大脑，正闪着霓虹灯一般的绿光？还是一个巨大的机器人气势汹汹地朝你走来，模样看起来有点吓人？又或者是一台嗡嗡响的超级计算机，藏在一个黑暗的房间里，红灯一闪一闪的？

这就是 AI 有趣的地方——**大家都在谈论它，可是并不知道它到底是什么。**我指的是真实存在的 AI，以及它正在现实生活中做的真实的事情。也许你在电影或电子游戏中见过它，或者听到过别人谈论它，比如在电视上、网上，甚至学校里。

那么，AI 到底是什么呢？

　　别急，这正是我们这本书要探讨的内容！首先，我们会定义什么是 AI，并看看它现在藏在哪里（有时候是藏着的，有时候是明晃晃地出现在你眼前）。然后，我们会聊聊 AI 的未来——更重要的是，它如何帮助你创造属于自己的未来。比如，你想成为一名海洋生物学家吗？AI 正在改变我们研究海洋的方式呢！或者你梦想成为职业足球运动员？AI 对体育的影响很大，甚至可能比世界杯夺冠还要大！（好吧，也许没那么厉害，但影响确实很大！）如果你想当医生或兽医，AI 已经能帮我们学到许多关于人类和动物的知识，多到你不敢相信。

当然，关于 AI，也有一些让人担心的事情（比如电影里那些占领地球的机器人）。我们也会聊聊这些，但更多的是为了告诉你，AI 的"阴暗面"其实并没有传说中那么可怕。

就像生活中的很多事情一样：

你今天做的一些小事，

正在为明天做好准备。

我就是来帮你做到这一点的！我叫布莱恩·大卫·约翰逊（大家都叫我 BDJ）。我是一个"未来学家"——是不是听起来很酷？我的工作是帮助机构和各种企业，还有像你这样的孩子，设想未来会是什么样子。

不过，我可不是那种会拿水晶球预测未来的巫师！我只是通过研究，为大家展示一系列可能发生的未来——这些未来不是一定会发生，但都有可能发生。我会探索这些可能性，帮助人们为未来做好准备，而不是害怕它的到来。

每天，我都会帮助人们和各种机构去构想他们想要的未来。方法很简单：先想几步之后的事情，再倒推回来制订一个计划，以此把他们一步步带到那个未来。

我们面对 AI 也一样！你可以选择害怕它，想象无数可怕的场景，给自己增加压力。或者，你可以了解 AI 是什么、它的发展方向，然后让它成为你的好朋友，帮助你实现梦想——这也是我写这本书的原因。

在接下来的内容中，我会给你介绍许多新奇的想法，还有一些真正懂 AI 的人——那些现在亲手创造 AI 的人！

　　哦，对了，还有一件事！我除了是个未来学家，还和很多孩子一样，是个超级科幻迷，喜欢漫画、小说，还写过不少冒险故事。所以，我保证这本书不仅有趣，还会让你爱不释手！

首先，什么是 AI？

　　好了，开场介绍先到这里，现在让我们正式开始吧！

Artificial **Intelligence**
人工 智能

"人工智能"简称 AI，这个词是一位叫约翰·麦卡锡的计算机科学家在 1956 年提出的。当时，他和一群学者在达特茅斯学院开会，研究怎样才能让计算机像人脑一样完成一些复杂的任务。

不过，说到底，AI 其实就是一种运行在计算机上的新型软件。

就是这么简单。

我知道你可能会想：等等，AI 肯定比这复杂多了吧！

没错，它确实可以变得非常复杂。但在接下来的旅程中，我希望你永远记住这一点——AI 本质上只是软件。

不信？那我们来问问专家吧……

特约嘉宾：里德·布莱克曼
哲学家、教授、伦理学家

里德·布莱克曼专门帮助政府和公司弄清楚如何更好地使用 AI。他经常需要用最简单的方式向别人解释 AI 是什么。他是这样说的：

AI 的最佳描述方式是，它是一种**通过例子来学习**的软件。你其实早就在这样学习了！比如：如果我给你一堆关于"戈瓦茨"长什么样的例子（比如照片），然后再给你一张新照片，我敢打赌，你一定能指出照片里哪个是"戈瓦茨"。（对了，别去查"戈瓦茨"，它并不存在，我刚编的。）

假设你有一条柯基犬叫小杰，你想让 AI 认出它来，就可以给这个 AI 看小杰的照片，并告诉它："这条柯基犬，名叫小杰。"

像你一样，AI 能知道小杰长什么样，然后在新的照片里认出它。

顺便说一句，如果你想用一个更"高级"的词来表示"例子"，"数据"是个不错的选择。的确，AI 就是一种从数据中学习的软件。它会分析小杰的照片，了解这些照片里的数据是什么样的。然后，它会找到数据里的"小杰模式"。一旦学会了小杰模式，它就能在新照片里寻找这个模式。当它找到的时候，它就会告诉你："看，这是小杰！"

就这么简单。AI 就是通过数据进行学习的软件。

等等，如果 AI 只是个软件，为什么大家会觉得它这么难懂呢？一部分原因可能是——它起了个超级容易让人误会的名字！

AI 的名字有点奇怪!

的确，把"人工（Artificial）"和"智能（Intelligence）"这两个词放在一起，听起来确实有点奇怪。这就像一种"矛盾修辞法"（这个术语指的是把相反的词放在一起）。比如，"一件很大的小事"或"震耳欲聋的寂静"，还有计算机界早年就出现的一个词组——"虚拟现实"。

那么，如果我们把"人工智能"分开来看，会怎样呢？

人工 (Artificial)： ◩ ☒

　　这个词通常让人联想到不太好的东西。"人工"让人感觉是假的、人造的、过度加工的。送给妈妈人造花，肯定没有送鲜花好。成年人常常说不要吃"人工食品"，因为它们含有不健康的化学物质。如果能找到一块柔软的天然草坪，谁愿意躺在硬邦邦的人工草坪上呢？

> ☒
> "人工"这个词通常让人觉得**不太好**。

智能 (Intelligence)： ◩ ☒

　　另一方面，"智能"这样的词听起来就很好！这个词代表了智慧和能力。如果我们说一个人有智慧，那说明他可能会在生活中取得成功。科学家和宇航员在探索宇宙时，寻找的也是智慧生命。人们喜欢狗，因为它们聪明有智慧、能听懂指令，还能学会一些有趣的游戏！

> ☒
> "智能"通常让人觉得**很棒**。

11

现在,把"人工"和"智能"这两个词放在一起,是不是让人有点困惑?它们表达的是完全相反的感觉——一个是不好的,另一个是好的。但我们就是把这两个词放在了一起,来形容一种了不起的技术——一种能让我们的生活变得更美好的技术。难怪大家很难理解它!

一口气了解计算机发展史

既然我们接下来会聊很多关于 AI 的事情，那么了解计算机的历史就很重要。你可能会想："拜托，BDJ，我知道计算机是什么！" 我明白你的想法。

但其实，计算机不仅仅是用来写作业或者上网的机器。今天，计算机已经无处不在——它们在汽车里、洗衣机里，几乎所有电子设备里有。

那它们是怎么变成这样的呢？

计算机的历史非常迷人：许许多多了不起的人，让今天的计算机成为可能。让我们快速回顾一下——抓紧你的帽子，别让它飞掉！

计算机的故事要从数学说起，而数学已经有几千年的历史了。让我们先跳过那些古老的部分，直接来到 19 世纪初。有一位名叫查尔斯·巴贝奇的发明家，发明了第一台机械计算机，叫"差分机"。它和今天的计算机长得完全不一样，但它是第一台可编程的自动处理数字的机器，所以很多人称巴贝奇为"计算机之父"。

　　和巴贝奇一起工作的还有阿达·洛芙莱斯。她被认为是第一个写出计算机程序的人——这些程序可以在巴贝奇的计算机上运行。所以，她被称为"世界上第一位程序员"。

　　下一个巨大的飞跃是在 1936 年。另一位科学家艾伦·图灵设计了一种东西，叫"自动机"。那并不是一台真正的机器，而是一套数学理论，用来演示通过机器的演算可以解决各种各样复杂深刻的问题。这套模型后来被称为"图灵机"，它改变了世界，表明了计算机的潜力几乎是无限的。

早期的计算机是用机器代码来控制的，即仅用"1"和"0"两个数字就告诉计算机该做什么。不过，机器代码非常难学，所以我们需要一种更简单的方法来编写程序。到了20世纪50年代，一位名叫格蕾丝·霍珀的计算机科学家发明了一种新方法，她用英语单词代替了单纯的"1"和"0"来编写程序。这种编程方式被称为"高级语言"，它让编写计算机程序变得更容易，这样可以有更多的人来学习编程啦！后来人们用她的发明创造了一种叫作COBOL的编程语言。COBOL的意思是"面向商业的通用语言"。

她那时发明的这种编程语言，直到今天还在使用。

再快进 25 年！此时全世界的计算机科学家都在研究改进计算机的方法，像 IBM 这样的公司发明了第一台个人电脑（PC）。不过，最早的个人电脑通常体积庞大，占满整个房间,听起来可不怎么"个人化"吧？

一切都在 1976 年发生了改变！那一年，两位大学辍学生——史蒂夫·乔布斯和史蒂夫·沃兹尼亚克，创立了一家名叫"苹果"的公司。这两个热情洋溢的小伙子在乔布斯家的车库（位于加州洛斯阿尔托斯）里勤奋工作，推出了第一台苹果电脑。这台电脑体积小、操作简单，人们可以把它带回家使用。从 1978 年的 780 万美元到 1980 年的 1.17 亿美元，苹果的销售额飞速增长！从此，个人电脑的精彩冒险正式开始啦！

我们每天都在用互联网，但它也是被发明出来的！这可是一些顶尖计算机科学家的伟大发明之一哦。1984年，脑袋超级聪明的网络工程师拉迪亚·珀尔曼发明了一种让电脑在网络上互相"说话"的标准方式——生成树协议。这种方法特别棒，其他程序员都开始用它，因此拉迪亚被称为"互联网之母"。

从那以后，计算机变得体积越来越小、运算速度越来越快、功能越来越强大。如今，它已经融入我们的日常生活——手机、电视、手表、汽车、电器，甚至飞机里都少不了计算机。只要是需要用电子设备运行的东西，几乎都离不开计算机。

软件，了解一下！

现在，要给人工智能（AI）改个名字已经太晚了。但不管名字怎么样，我们还是可以更清楚地理解这项技术。正如我之前讲过的，人工智能其实就是软件。但"软件"这词也有点让人摸不着头脑，因为软件不像你能触摸和感觉到的东西——比如柔软的毯子。它更准确的名字应该是"隐形物体"，不过我知道它没有"软件"这么好听——所以我们就继续叫它软件吧！

好了，现在我们对计算机的发展以及和它如何存在于我们周围有了更好的理解。那就让我们再深入一点看看……

硬件和软件是计算机的两个主要组成部分。

硬件： ◪ ✕

　　这是指你可以触摸和感受到的物理部分。比如在笔记本电脑上，硬件就是你输入文字的键盘和观看图像的显示屏。在手机上，硬件就是你按压的按钮和发出声音的扬声器。硬件还包括所有隐藏在计算机内部的电路、微芯片等。虽然你看不见，但它们确实存在于你的设备里面。

软件： ◪ ✕

　　如果把硬件看作是计算机的身体，那么软件就是大脑。它是运行在计算机上的程序和应用。软件是基于数字信息的，是由一系列代码组成，所以它不像硬件那样可以被看到和触摸。（说它是"隐形物体"，我没骗你！）在电脑上，软件是你用来写作业或看视频的程序；在手机上，它是你用来点外卖和玩游戏的应用程序。

让我们再问一次这个问题：

如果 AI 只是个软件，
那到底有什么大不了的？

为什么这么多人在谈论它，有些人甚至害怕它呢？

为了回答这些问题，我们需要更深入地讨论一下软件是怎样制作的——或者更具体一点，软件是怎么被编写出来的。我们通过编写软件程序，可以做很多事情。比如有的程序可以计算复杂的数字，有的程序可以成为手机上的应用，有的程序甚至可以成为游戏让我们玩。

嗯……游戏！对了！让我们用游戏来展示一下，普通计算机软件和有了 AI 增强的软件之间，到底有什么区别。

小小游戏开发师

《太空飞行员》

在一个很远很远的星球上……

是的，AI 只是软件。但它可不是那种让你在网上看看网页，或者用手机的 GPS 找到路线的应用，AI 是超级增强的软件。为了让你明白这一点，让我们一起给一款名叫《太空飞行员》的游戏编程。

游戏的任务是，你需要驾驶一艘装备精良的宇宙飞船，绕着一颗遥远的星球飞行，这颗星球距离地球有好几个光年那么远。

飞行员要独自完成任务，探索这个星球，绘制它的地图。但是，他们必须小心，不要撞上那些可怕的外星人和山脉。

21

听起来是不是很酷？

　　为了给《太空飞行员》游戏
编程，你需要编写软件代码，让
游戏知道玩家按下控制器上的左
键时，飞船向左飞；玩家按下右
键时，飞船向右飞。按上和下也
一样。

　　你明白了吗？你编写软件代码时，其实
是在告诉游戏：当玩家按下控制器上的按钮
时，游戏要怎么反应。
　　我知道这听起来很简单，但请坚持往下
看，接下来会更有趣哦！

编程是怎么回事

　　开发软件的人叫作程序员或者软件开发人员，他们的工作叫作编程。简单来说，代码（或者程序）就是一系列指令，计算机根据这些指令来完成一个任务。你可以把编程想象成做菜。厨师根据食谱来做菜，计算机根据我们编写的代码来做计算。最简单的代码格式是二进制代码，它只由0和1组成。虽然它很简单，但也有点难学。比二进制代码更容易理解的是高级代码，它帮助我们编写更复杂的指令（也叫作算法）。这些复杂的算法就是用来创建 AI 的。

　　将来，我们会让 AI 来为我们编程，再进行修改或调整，来适应我们的需求。这样，编写软件的软件就诞生了！

AI 增强型软件来了!

　　现在让我们想象一下，一起制作一个 AI 版的《太空飞行员》。我们把这个新版本叫作《太空飞行员 2.0 之外星球复仇记》！它的基本概念和之前一样，依然是勇敢的太空旅行者在遥远的星球上飞行探索。但是在这个版本中，玩家周围会发生更多更乱的事情。这归根结底是因为一个词——复杂性。

　　你一定听过"复杂"这个词，它和简单正好相反，对吧？这意味着有更多的活动和概念需要思考和理解。在计算机科学中，复杂性是指计算机需要多少步骤、多少内存来完成每一段代码。我们也知道，代码是软件的基本组成部分。

AI 版《太空飞行员》涉及了更高的复杂性。在第一版中，玩家只需要让飞船向左、向右、向上、向下移动，避开外星星球上的危险。而在新的版本中，飞行员被传送到了另一个新的星球，而且这个星球的情况比先前那个更加糟糕。

新的游戏中，不仅地面上有更多更复杂的山脉从下面摧毁飞船，还有空中的云山从上面摧毁飞船。

但事情还不止于此！

比如，地面上这些山脉太高了，甚至山脉两侧还会长出新的山脉，并且不断生长。这意味着山脉会从飞船的左右两边冲来，给太空飞行员带来更大的麻烦。

更可怕的是，飞船周围全是可怕的外星人！到底危险到什么地步呢？——玩家在屏幕上几乎看不见飞船了！我们的飞行员会迷失在迷宫般的山脉中。

问题来了

如果玩家看不到飞船，怎么能驾驶飞船飞越这个星球，并绘制出地图呢？这实在是太复杂了，玩家几乎不可能赢得胜利。

这时，AI 就能派上用场了。

有了 AI 的帮助，你写的程序可以研究飞船穿越山脉的所有路径。这样，这个程序就会在所有路径中进行训练，看看哪些路径会成功，能让飞船顺利穿越星球；哪些路径会失败，会让飞船坠毁。**你可以告诉程序，让程序自己去找出最安全、最好的路径。**然后，它就会不断探索每一条可能的路径，并找到最佳的那一条。

在这个例子中，穿越山脉的所有路径都是"数据"。利用复杂的编程，AI 增强型软件可以同时探索所有路径。

上个世纪，如果计算机每秒能处理几千条指令，就被认为是非常的快了。但是在 AI 时代，计算机现在每秒钟可以处理大约 10 万亿条指令！

AI 可以玩好多遍游戏，

在山脉之间驾驶飞船飞来飞去——一遍又一遍地进行尝试，瞬间收集大量数据。然后，它会用一种叫作"概率"的工具找出哪条路径最安全。

"概率"是指一件事情

发生的可能性。

当 AI 增强版的飞船在 10 万亿条可能的路径中进行选择时，它会使用概率来排除那些会导致飞船坠毁的路径。

这就是 AI 强大的地方。通过复杂的算法，它可以探索极其复杂的数据集（比如飞船穿越外星山脉的路径），并通过训练来找出成功概率最高的路径。它完成这项任务的速度，能比人类快一万亿倍。

听起来像是超能力吧？有点吓人？但我可以向你保证，实际上一点也不吓人。为了解释得更清楚一点，你可以看看我们的老朋友——计算器。

AI 是一种高级计算器？

　　我们都知道，计算器做数学运算比大多数人更快。但计算器并不会让人感到害怕，或者让人觉得它有超能力吧？它只是一个帮助我们快速计算的小工具罢了。

　　那同样，我们可以把 AI 看作是更高级的计算器，它用大量的数据和算法来进行复杂的计算。AI 还可以用大量不同的计算结果进行训练，并根据训练做出决定。

　　从这个角度来看，AI 可以模仿人类的智能进行思考和决策。这就是普通软件和经过 AI 增强型软件之间的区别。

　　如果计算机能处理如此大量的信息，并

且能像人类一样做决定，那么它们是不是有一天会联合起来，统治世界呢？

这正是很多人害怕 AI 的原因。

作为一名工程师和未来学家，我相信 AI 是一种很棒的工具，它会让世界变得更好。但我也明白，不是每个人都像我这样想。

也许人们看过很多科幻电影，电影中的大部分 AI 是坏蛋、是邪恶的力量。作为科幻迷，我自己也很喜欢这些电影，它们非常刺激有趣。但它们并不完全符合事实。因为 AI 和其他技术一样，都是一步一步发展来的，不是一下子就能变得非常强大的。想想看，从第一台差分机到第一台个人电脑，中间相隔了

多长时间？超过 140 年。从那时候到第一部苹果手机，又过了多少年呢？又是 30 多年。但是，如果有一部电影讲述的是 AI 每天悄悄地改变世界的故事，估计没人会去看。所以，电影里常常讲的是 AI 机器人如何反抗人类之类的大事件。

人们害怕 AI 的另一个原因是，他们觉得自己无法控制 AI。就像我们制作的游戏《太空飞行员》里的飞船，AI 强大的算法，让它仿佛不再由人类控制，而是自己能够掌握一切。这让大家想道：未来还有什么东西是我们无法控制的呢？毕竟，如果计算机能自己处理信息并做决定，那么我们这些区区人类还有什么掌控未来的能力呢？

有什么能阻止机器勾结起来，接管世界呢？

答案是：我们。

谣言粉碎机

谣言：因为 AI 可以吸收海量的信息，所以它总能得出正确的结论。

真相：AI 的确很强大，很多人觉得它总是公正、无偏的，像一个从不站队的中立者。但在我们这趟共同旅程中，请记住，AI 的好坏其实取决于人们给它提供的数据。这意味着它可能会受到人们过去的偏见和错误的影响。比如现在很多公司使用 AI 软件来帮助招聘新员工，但这些软件可能会根据一些旧数据做出偏颇的判断，例如因为种族或性别而偏向某些应聘者。

多年来，开发 AI 的工程师和计算机科学家一直有一个说法："垃圾进 = 垃圾出。"

这就是为什么当人们使用 AI 技术时（你也一样！），要记

住的非常重要的一点——不要潜意识相信
AI 给出的答案一定正确。我们必须时刻质
疑这些答案。

　　让我们来看一个关于过时和偏见的例
子。假设你问 AI，女孩子喜欢和讨厌什么
运动，它可能回答说："女孩子喜欢跳舞，
讨厌足球。"你可以用自己的大脑判断出
这并不是真的。因为我们知道，女孩子可
以喜欢各种各样的运动。可是，不幸的
是,无论这个 AI 是用什么数据训练出来的,
那些数据都是陈旧的、过时的。它没有收
集到女孩子也可能喜欢足球的例子。因此，
识别并修复这些数据里的错误，是我们人
类的责任!

未来，我会和 AI 竞争吗？

我们并不是在与机器竞争。
它们不是来夺走我们的未来的，
即使它们想夺走，也做不到。

因为我们掌握着未来。

让我来解释一下。未来并不是某个固定的时间点，我们都无助地朝着它飞奔。未来是由我们自己创造的。我们人类会想象出我们想要的未来，然后开始去创造它。人类自从诞生以来就一直是这样,而且将一直持续下去。(放心,这不会很快结束！)

作为未来学家，我知道我们会想象并创造出一个充满奇迹和突破的未来。我们还可以计划并准备好应对任何可能出现的负面未来，以防它们发生。这就是本书的内容！你将收获**关于 AI 以及它神奇能力的大量知识**。同时，你也会开始**学会如何想象、准备和创造你自己的未来**——利用 AI 带来的无限可能。

对了，补充一点！

这本书叫作《AI 工作大揭秘》，内容就是关于 AI 应用在现在和未来的所有知识。不过，我得承认一件事：在 AI 领域，时时刻刻会有新东西出现，新的发明、新的突破，总会有人想出新的办法来使用 AI。正因为如此，AI 才这样令人兴奋。

所以，事实就是这样：这本书包含了**现阶段**

关于 AI 你需要了解的几乎所有知识。但这可不是坏事，因为这意味着，你可以成为改进 AI 的群体中的一员，帮助它变得更好。

在本书的最后一章，我将告诉你一个秘诀，让你永远知道关于 AI 的知识。我保证，这可不是什么魔法或骗局！这是一种方法，让你能够一直掌握你需要了解的关于 AI 的所有最新、最重要的信息。

（如果你好奇，可以直接跳到最后一章去看……我不会告密的！）

在那之前，让我们一起进入 AI 的世界，看看 AI 在现在和将来能做出哪些令人惊奇的事情——这可以解释"为什么"这个问题。

为什么 AI 如此重要？

为什么每个人都在谈论它？

　　答案就是，AI 正在或大或小地影响着我们生活的方方面面。在本书中，我们会清楚地看到 AI 已经在很多领域帮助我们了——从了解恐龙、火山、太空和海底到彻底改变娱乐、医疗以及交通等。

　　在这个过程中，我们也会探讨人们对 AI 感到担忧的一些方面。当我们谈到这些可怕的话题时，我希望你记住，我在开头曾经告诉你：你不用担心那些没有发生的未来。为什么呢？

　　因为你现在正在阅读本书，通过了解现在的 AI，以便准备好迎接明天！

因为 AI 是一个很大的词，它包含了许多其他有趣又酷炫的技术。在本书后面的章节中，我会在"技术小知识"的栏目中解释这些术语。不过，在我们正式开始之前，还是让我们先听听另一位专家怎么说……

问问专家吧!

特约嘉宾：吉恩维耶芙·贝尔博士

文化人类学家、未来学家、教授

贝尔博士是一位文化人类学家、未来学家，同时也是澳大利亚国立大学的杰出教授。我和吉恩维耶芙合作多年。我曾请教她，怎么将 AI 的复杂性解释给你们听。她笑着回答：

你得明白,AI 不只是 AI。当人们谈论 AI 时,他们并不仅仅在说单纯的 AI 增强型软件。这种软件不能独自存在。AI 需要许多其他东西才能运作。它需要大量的**数据**,也需要连接**互联网**。它需要**传感器**来与我们周围的物理世界连接,还需要**应用程序**使用这些技术来为我们执行任务。

AI 还需要很多东西的帮助,**但最重要的是,AI 需要人类。**它需要人类来编程、来维护并保持其运行。它还需要人类来使用。如果没有人类在使用,它独自待在那里做什么,一点儿也不重要。

这一切都是关于人类的。正是人类的聪明才智,AI 才变得如此神奇。如果没有人类,AI 根本就不重要。

好了,让我们开始吧!

第一章

上传中······

掌握"巨大"的机密

当 AI 遇见恐龙、火山和海底世界

确认

未来的景象

在印度尼西亚的爪哇岛上,居民们正在收拾行李,离开家园,搬到离城市很远的地方。因为科学家警告他们,那座高高耸立在城市边上的活火山将在 10 天后爆发!

这一切多亏了 AI 对火山活动的预测,几乎精确到了小时。当爪哇岛的熔岩开始流动时,所有人都会安全避开,没人会因此丢掉性命。

与此同时，在地球的另一端，格陵兰岛边上，海洋生物学家又发现了一座失落的城市！它位于海底 8000 米以下。这一发现将提供新的线索，帮助我们了解古代文明是如何发展的。

在英格兰西南部的一个小村庄里，一个 10 岁的男孩正在遛他的宠物。村民们似乎一点儿都不觉得奇怪，他的宠物是一只 3 米多高的霸王龙！

AI 的力量就在于它能够在眨眼间（甚至比眨眼还快呢）处理海量信息。没错，科技的进步通常意味着我们可以更迅速地理解那些曾经庞大又复杂的东西。

让我们想一想旅行，比如从 A 点到 B 点有 160 千米。如果我们回到过去，最早的人类可能要走上 50 个小时才能走完这段路。当他们学会骑马时，时间就缩短了一半，大约只需要 25 个小时。接着是自行车，普通人骑车，花费 15 个小时左右就能骑完 160 千米。然后有了汽车，160 千米的旅行时间可以控制在两个小时以内。等有了飞机之后，一架商用飞机飞行 160 千米只需要大约 12 分钟。那么宇宙飞船呢？它在宇宙中以每小时 28,000 千米的速度飞行，飞完 160 千米只需要大约 0.006 秒！不难发现，我

们的技术把人类的旅行时间缩短到原来的三千万分之一，是不是很厉害？

AI 也是一样。这种超强的计算机软件，让我们能够用以前想都想不到的方法解决重大问题。在这一章，我们将看看我最喜欢的几个例子。

这一章叫作"掌握'巨大'的机密"。我的意思是：真的非常巨大！不是一般的"大"，而是"巨大"。AI 的工作，对这些庞然大物都能产生很大的影响。

让我们从世界上最酷、最巨大的动物之一——恐龙开始聊起吧！

会咆哮的巨大动物!

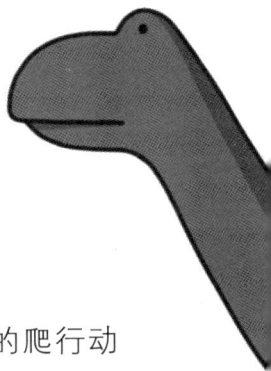

恐龙是很久很久以前在地球上生活的爬行动物——准确地说，它是从约 2.5 亿年前的三叠纪时期出现的。

你最喜欢哪种恐龙？

· 霸王龙

· 梁　龙

· 三角龙

· 迅猛龙

· 巨　龙

我喜欢那些小小的恐龙家伙，还有巨大的海中怪兽。我最喜欢小盗龙，它的名字在希腊语中是"小小偷"的意思。它是最小的恐龙之一，身上还有像孔雀一样闪闪发光的羽毛。它必须非常擅长生

存，我喜欢想象小盗龙从树上猛地飞下来，一下子掠过霸王龙——速度太快了，霸王龙根本追不上它。所以哪怕梁龙和霸王龙都又大又显眼，但我更喜欢那些小家伙。

我也喜欢海洋中的"大块头"。每当我凝望大海时，我会想象那些曾经在海洋中游过的庞然大物。我的最爱是秀尼鱼龙。科学家估算，认为它有21米长——差不多是两辆双层大客车连起来那么长！

从恐龙化石到恐龙世界

恐龙在地球上的统治，大约结束在6500万年前的白垩纪末期。多亏了古生物学家的辛勤工作，我们已经了解了很多关于恐龙的知识。在过去，古生物学家的主要方法是，找到在沙子、泥土和其他沉积物中保存下来的化石、骨头和其他身体部位，然后拼凑起来。如果你参观过博物馆的恐龙展览，你一定看到过那些化石复原的模型，知道恐龙是多么巨大。比如霸王龙可以长到大约12米长、3.5米高。

而如果你看过《侏罗纪公园》系列电影，你一定知道，恐龙已经

从博物馆逃脱,闯进了电影导演们的想象世界。(虽然恐龙电影非常有趣，但要记住，它们只是虚构的作品。)

有了 AI 帮助，如今的古生物学家们可以看到恐龙的真实样子、了解它们是怎样走路的、何时生活在某地，以及更多全新的信息。

古生物学家正在使用 AI，以前所未有的速度，对恐龙进行分类和研究。当古生物学家发现恐龙的化石或碎片时，他们可以使用 AI 软件将这些零散的部分拼凑起来，并填补所有缺失漏洞。这时如果只找到几块骨头，AI 可以帮助他们推测出还缺哪些骨头。如果古生物学家在挖掘中发现了一组恐龙的足印，他们可以用 AI 来推测是哪种恐龙留下的。

这是怎么做到的呢？古生物学家首先将成千上万关于恐龙的图片和数据输入计算机。然后，AI 会分析这些数据，并与未知的足迹进行对比。只要一瞬间，系统就能告诉古生物学家，哪种恐龙最可能与新发现的足迹匹配。

关于对恐龙世界研究的突破性进展就是，以前需要几年时间研究和理解的，现在只需要几分钟！这一切都要归功于一种叫作"机器学习"的技术。

技术小知识

机器学习

　　机器学习是 AI 的一部分，它可以让机器模仿智慧人类的行为，自己完成任务，而不用我们一步步教它该怎么做。比如机器可以看懂图片和视频里有什么、读懂文字，还能在现实世界里做到一些很酷的事情，像认出你的脸、推荐好吃的东西或好玩的地方。

　　不过，机器的"学习"方式和我们人类可不一样！机器不是人，它不会像我们一样用脑袋思考。机器先要从一堆数据里找出规律，然后根据这些规律来进行预测，这样才能"猜"到一个问题的答案，或者执行一个动作。

举个例子：

假设你想让 AI 学会看出 图片里有没有猫。

首先，我们要给它看很多很多猫的照片。要知道，猫咪可不是都长得一样的！不管是橘色的虎斑猫，还是优雅的暹罗猫，你一眼就能看出它们都是猫，但 AI 不行，它完全不知道猫是什么样子的，直到我们教会它。

怎么教呢？给它看很多很多猫的图片，并告诉它："这就是猫！"

然后，我们再给它看很多很多其他的图片——这些图片里有些有猫，有些没有。

接着，我们让 AI 试试看，找出所有带猫的图片。

它会给出一堆带猫的图片。你知道的——有些是对的，但不全对。它可能会漏掉很多猫咪，也可能会把别的东西误认成猫。

怎么办呢？我们就再给它看更多的猫咪图片，慢慢教它。不过我们还是要记住，它可不是真的像你一样"学习"。它只是根据我们提供的数据，猜测这张图片里有猫的概率很高。在我们给它"喂图片"之前，它连猫长什么样都不知道呢！

这就是机器学习了。它的厉害之处在于学习的速度非常快，可以瞬间识别很多猫咪的图片，所以很快就能掌握一个"知识点"了。

更棒的是，有了所有这些新发现的恐龙知识，古生物学家可以与电脑动画师合作，创造出逼真的恐龙图片和视频，让我们看到它们在真实世界中生活的样子。以前，人们只能依靠有根据的猜测（虽然是基于科学，但仍然只是猜测）来复原恐龙的样子。像史蒂文·斯皮尔伯格之类的电影制作人，就是根据猜测来想象恐龙星球的样子的。

如此一来，我们对恐龙的模样和生活方式就有了更准确的了解。机器学习还可以帮古生物学家做很多事情，比如判断某块骨骼或牙齿碎片属于哪种恐龙，或者识别恐龙化石脚印之间的细微差异，来弄清楚它们是怎么走路的。而且在未来，我们对恐龙的认识会越来越清楚。这也意味着，那些自然博物馆已经是一个数字化的化石资料库，可以让你用来创造属于自己的恐龙世界！你甚至可以创造一只属于自己的恐龙宠物！不过不用担心，它不会吃掉你的好朋友或弟弟，因为只存在于 3D 影像中。放心吧！

不用担心火山爆发了！

恐龙只是很酷，但火山就有点吓人了，特别是火山爆发的时候。不过别担心，有了 AI，我们可以提前知道火山什么时候会爆发，这样大家就能安全撤离啦！

研究火山的科学家叫火山学家。他们会用很多厉害的仪器来监测世界各地的火山。比如：地震仪，用来测量地震波，记录地壳的震动；光谱仪：用来检查空气中的火山气体，看火山是不是"生气"了。所有这些信息都能帮助火山学家更好地预测火山喷发。

不过，就像古生物学家研究恐龙一样，他们大多数的预测仍然是基于科学的"猜测"。现在，有了 AI，这些猜测变得越来越准确了。这都要归功于一个叫作"预测分析"的技术。

还记得我们一起制作的《太空飞行员》吗？ AI 会用"概率"（也就是某件事情发生的可能性）来判断哪条路径最安全。预测分析就是在这个想法的基础上，利用数据来预测未来会发生什么。

预测分析

预测分析是利用数据和统计算法，根据过去的信息来计算未来出现的可能性。哇，这听起来有点复杂，对吧？其实，简单来说，它的目标就是根据过去发生的事情，弄清楚未来最有可能发生什么。呼——这样是不是简单多了？

AI 是怎么帮助火山学家的呢？

还是要回到数据上。火山学家会收集很多火山的数据，火山发出某种声音的时间，观测的火山最后有没有喷发，等等。这些数据里藏着很多秘密，比如：如果一座火山发出某种特别的声音或震动，那它可能很快就会爆发；但如果它的声音和震动是另一种样子，那可能就不会爆发。

AI 通过预测分析，虽然不能 100% 确定火山会不会爆发，但能根据以前积累的大量数据，给出近乎准确的预测。

今天的火山学家们正忙着把几十年来的地震活动数据喂到 AI 软件中。AI 可以筛选这些数据，并对比来自世界各地的火山的信息。电脑就像在倾听火山肚子里的"咕噜声"，试图了解某座火山喷发前一个月、一周、一天，甚至一秒钟发出的声音是什么样。它还能分辨出不同种类的"咕噜声"哦！

你知道吗？

　　每座火山都有自己独特的"咕噜声"！阿拉斯加的火山和南美洲的火山听起来完全不一样。就像每个人说话的声音不同，每座火山的"咕噜声"也是独一无二的！

　　未来，AI 会帮助火山学家准确预测地球上大约 1500 座活火山的爆发时间，准确率可能高达 99.9%！（很遗憾，即使有 AI 的帮助，也没有 100% 的准确预测哦！）这将成为居住在火山附近的人们的早期预警系统，让我们的世界变得更加安全。

别忘了地球上最最大的东西!

现在，我们要说说比恐龙和火山还要巨大的东西——海洋！地球表面大约71%都被海洋覆盖着。这意味着，水下的陆地比我们生活的陆地还要多。但是，目前人类只绘制了水下陆地的大约五分之一的地图。我们不知道剩下的地

方是什么样子，也不知道那里住着什么生物。大多数人对太阳系的了解甚至比对海底世界的了解还要多。

　　研究海洋的科学家叫作海洋学家。和火山学家一样，他们也使用各种高科技设备来工作。**卫星测高仪**可以测量水下陆地的形状；**声呐**则可以通过分析岩石和深海生物反射的声波，探测水下物体的位置和距离。**还有一种你们等不及想要了解的装备……**

无人水下航行器！

准备好，我们会在后面的章节里详细介绍各种各样的机器人。

UUV（Unmanned Underwater Vehicle，也就是"无人水下航行器"的简称）是一种在深海工作的机器人，可以完成各种各样的深海任务，比如收集海底地面样本和探索古老的沉船。它们对海洋学家来说非常重要，因为人类潜到太深的海底是很危险的。海洋可是很深的哦！位于关岛和菲律宾之间的马里亚纳海沟，是地球上已知的最深的

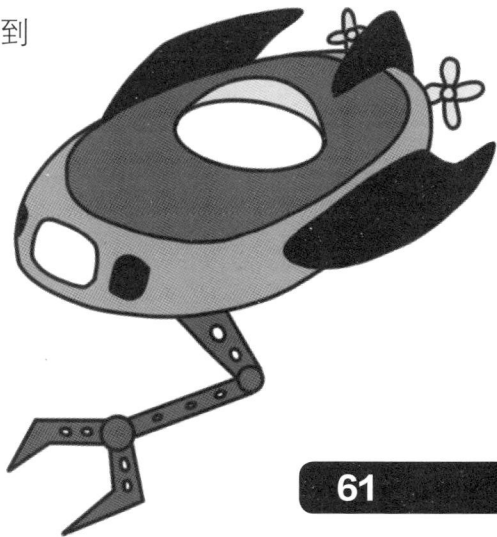

地方，深度超过 10900 米，这差不多是
33 座埃菲尔铁塔叠起来那么高！

　　**人类不可能在那么深的地方生存并
且做研究。**但是，AI 机器人却可以轻松
完成任务。就像我们玩的《太空飞行员》
游戏一样，由 AI 驱动的 UUV 可以潜入
海底收集各种数据。因为它们是机器，
所以可以在水下待很长时间，不用像人
类一样要浮出水面呼吸空气和吃东西。
这些数据会被输入电脑，生成精确的海
洋模型。

　　解开海洋的奥秘会给人类带来很
多好处。例如海洋学家可以更好地追踪
海洋的内波（也就是在海面下掀起的波
浪），这有助于开展水力发电，也就是

把水流的能量转化为电力，供家庭、办公室、车辆和其他任何需要电的东西使用。

此外，精确的海洋模型还可以帮助气候学家监测海冰。这将让他们更加了解大气环流和气候变化，做出更准确的预测。

海洋生物学家则可以利用 AI 来追踪海洋中的上万种藻类。他们可以使用 UUV 来采集藻类样本，监测藻类的健康状况和活动。这将有助于减少藻类对环境的破坏，同时增进人类健康。

我们在这个章节探讨了很多巨大的东西。和火山、恐龙一样，海洋也是非常"巨大"的。虽然科学家们对海洋的研究在这些年取得了进展，但海洋太大了，我们一直无法完全了解它。

AI 有能力改变这一切。有史以来，我们第一次开始了解恐龙时代的地球的真实面貌，开始了解如何预测火山爆发，也终于可以准确地描绘海底世界的样子。

这些发现不仅对人类，对所有物种都有**巨大**的好处!

第二章

上传中……

AI 和体育运动

让选手突飞猛进，让你身临其境！

确认

未来的景象

在尼日利亚的拉各斯以西一个需要两小时车程的小镇上，一位名叫易卜拉欣的年轻足球运动员即将迎来人生的巨大改变。他的教练上传了这个家乡球队最新的比赛视频，一位 AI 球探在视频中发现了这位天才球员。曼联青年学院的代表刚刚飞抵拉各斯，正前往易卜拉欣和他的家人那里，为他提供一份奖学金。

如果没有 AI 球探，
易卜拉欣就不会被俱乐部发现。

几年后，当易卜拉欣代表曼联征战
英超联赛时，他的父母却无法到现场观看
他的第一场比赛。不过没关系！借助 AI
的头戴设备，他们就会像置身于看台之上，
被观众的欢呼声环绕。就在比赛开始前，
易卜拉欣出现在他们的显示屏上，感谢
父母一直以来的支持。

你最喜欢的运动是什么？足球？赛车？游
泳？也许你不喜欢运动，那也没关系。不过，读
完这一章节的内容后，我想你会开始对
运动产生兴趣。这是因为 AI 正
在以一些非常酷的方式改变
着体育运动。

你见过最奇妙的体育事件是什么？足球赛中 50 米外的进球？高尔夫球比赛中神奇的一杆进洞？网球比赛中不可思议的救球？

所有这些不可思议的事件有什么共同点？它们都是由人类完成的！不是机器人或科技，而是人类。也许是职业运动员，也许是你学校里最好的朋友，但始终都是人类。说到底，体育运动就是要展现人类的极限和惊人之处。

未来的体育运动和运动员将因 AI 的影响而发生改变，但人类的技能和天赋将永远是体育运动的核心。在这里，我邀请了专门研究未来体育运动的专家瑞安·霍根来给我们解释。

我很期待 AI 球探能够发现有前途的新秀。有些年轻球员可能因为居住地或比赛地点比较偏远,没有机会崭露头角,这时 AI 球探可以帮助他们。毕竟,人类球探观看的比赛的数量和能去的地方都有限,但 AI 球探就不同了,它们可以同时观看世界各地的比赛视频并迅速统计数据。如果你是个年轻的运动员,有了 AI 的帮助,你将会有更多闪耀的机会。

不过,AI 不会取代教练的工作。教练非常重要,所有运动员都需要一位可以交谈的人类教练。AI 所起到的主要作用是寻找运动员,并帮助运动员更科学地训练和比赛,以及帮助他们保持健康。

AI 球探和 AI 助理教练

就像瑞安说的那样，AI 不会取代教练的工作，但它会成为一名出色的球探和助理教练。

现在，通过分析运动员的统计数据和伤病史，AI 助理教练可以帮助教练发现有潜力的新球员的特点和优势。未来，AI 球探可以在全世界范围内搜索，观看各级别球队的比赛视频并监测他们的统计数据，了解不同球队的优势和劣势，并寻找新的球员来填补特定的技能空缺。

在训练和比赛期间，AI 助理教练可以向教练和球队工作人员提出可能的策略建议。它还可以分析对方球队的统计数据，找到他们的弱点，并为各种战术和换人策略提出建议。

这有点像我们一开始提到的《太空飞行员》

游戏，AI 可以确定穿越山区的最安全路径。在体育运动中，即使对手实力更强，AI 球探也可以根据看到的比赛视频进行数据分析，帮助球队找到对手的弱点。

技术小知识

计算机视觉

计算机视觉（Computer Vision）是 AI 的一个领域，它使计算机能够识别和处理图像和视频中的物体和人物。它会尝试模仿人的眼睛，去自动完成一些任务，而且会做得更快、更准确。

更有针对性的训练

    AI 已经在提高运动员的表现了。例如可穿戴的传感器技术可以让训练师和教练在比赛中追踪运动员。在足球比赛中，他们可以看到球员跑了多少路，触球多少次，射门力度有多大。在田径比赛中，他们可以追踪运动员的步幅，每次迈步时的上下弹跳幅度，甚至每次呼吸摄入的氧气量。运动员的表现总是越来越惊人，有了 AI，他们进步的速度会越来越快，甚至可能打破纪录，跑出 3 分钟一英里的成绩——很多体育专家认为这在生理上是不可能的。但他们也曾说过，4 分钟跑完一英里是不可能的，而如今早就实现了。有了 AI，一切皆有可能！

AI 体育记者

　　每天，世界各地都有数百万场体育比赛。无论是在网上、报纸上还是电视上，只有极少数比赛会被报道，而且通常只是那些广受欢迎的职业球队比赛。如果你想了解你最喜欢的业余俱乐部。或者你学校的羽毛球队呢？想找到当地的体育记者来报道这些比赛的机会很渺茫。但在未来，AI 可以通过使用**自然语言处理**技术来满足这一需求。这项技术可以将数据转换成通俗易懂的人类语言。在体育运动中，比赛的所有统计数据和信息都可以输入到计算机程序中，程序会将其转换成一篇完整的比赛报道。这样你就可以随时随地了解你支持的球队啦！

不过，别误会我的意思，我们仍然需要人类记者和写作者来提供他们独特的观点、个性化和专业的比赛评论——即使他们不可能同时在所有地方出现。

　　这是一个 AI 生成内容的例子——我们可以用 AI 生成文章、图像甚至电影，然后在互联网上分享。虽然这项技术令人兴奋，但也引发了很多争议，因为有时很难分辨一篇文章是由 AI 还是由人类撰写的。如果没有经过人工核查，AI 生成的内容可能会成为错误信息的来源。比如在 AI 生成的体育赛事报道中，如何防止它报道错误的比分呢？

　　目前，人们正在开发 AI 工具来进行事实核查和标记错误信息。但这项工作还需要下一代专家来完成。我坚信这会实现的。

为什么？因为从一开始，这就是科技的故事——人类总是用技术来把生活变得更美好，一小步一小步地改进。

技术小知识

自然语言处理

自然语言处理（Natural Language Processing），简称 NLP，是 AI 的一个分支，它让计算机能理解我们的书面文字和口头语言。这样计算机就能够理解我们说的话是什么意思。想想你的家人和朋友，他们说话的声音都不一样吧？再想想全世界人们说的各种不同的语言，还有各种各样的口音。这可是一件很复杂的事情呢！

NLP 会收集很多人说话的录音，让计算机理解他们在说什么。它会把我们说的话转换成文字和代码，这样计算机就能理解了。就像你有时候对着手机说话，它会把你说的话转换成文字一样。这就是现阶段的 NLP——你的手机里的 AI！

现在，想象一下 NLP 未来还能做什么？随着支持 NLP 的算法变得越来越复杂，计算机将越来越善于理解我们到底在问它们什么问题。也许有一天，它们甚至能够读懂我们脸上的表情和声音中的情绪。

及时发现受伤风险

　　如果你是一个体育迷，你可能不止一次看到你最喜欢的运动员受伤下场。这是比赛的一部分。但它必须是这样吗？虽然 AI 不能消除所有体育运动中的伤病，但它可以大大降低受伤的概率。这就是为什么体育教练对这项技术如此感兴趣。

　　首先，它可以帮助他们根据运动员的具体需求，制订个性化的饮食和训练计划。教练还可以使用 AI 增强的计算机视觉技术来监测运动员，并在受伤之前就发现问题。它会捕捉到跑步者步幅的细微变化——这可能预示着肌肉拉伤的开始。比如板球投球手投球角度变得扭曲，这可能表明他们的身体出现了问题。

量身定制的运动装备

AI 现在也被用来制造更好的运动装备。从运动鞋到高尔夫球杆再到网球拍，设计师们正在利用 AI 进行更好、更强大的设计。这些新设计使运动员能够跑得更快、跳得更高、击球更有力、打得更远。

他们是怎么做到的呢？

我们以运动鞋为例。现在，AI 软件可以帮助设计师分析运动鞋在运动场的草坪、硬地或跑道上的性能。这通常需要观察职业运动员的动作，捕捉他们的视频，并将这些视频输入到软件中。通过这种方式，设计师可在 AI 的帮助下，不断改进运动鞋。

一些设计师甚至在用 AI 设计前所未有的、出乎意料的运动鞋款式。

但在未来，分析最佳运动鞋的对象将不仅仅是职业运动员。你也许可以收集自己的数据，并与 AI 合作，设计出你自己的运动鞋，帮助提升你的体育成绩。或者，你可能只是想要一双最炫的运动鞋穿去学校——这都取决于你！

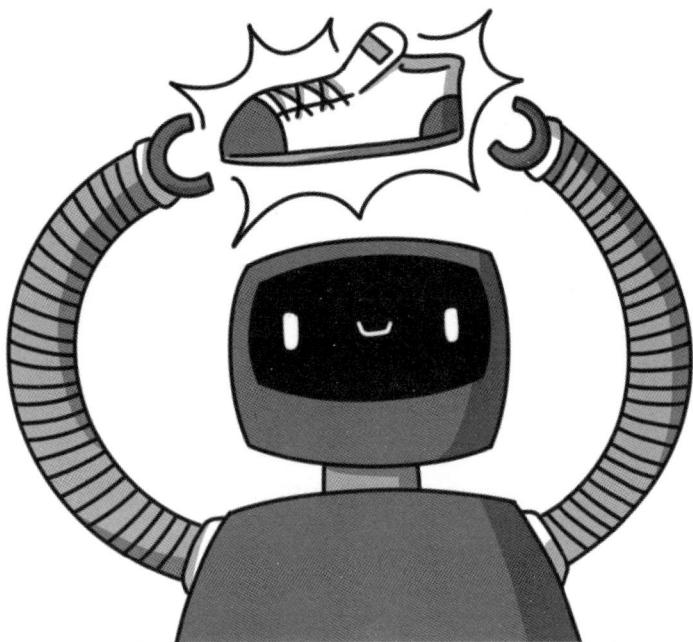

有史以来最好的球迷体验！

如果你是一个体育迷或者某个球队的粉丝，那么你肯定对他们的信息永远不会嫌多。你想知道一切——下一个球星是谁，谁受伤了，谁的状态最好。现在，你可以找到统计数据，还可以观看比赛的视频直播。

但这还不够——

未来，AI 可能会把你带到比赛的正中央！想象一下，如果你能站在球场上、置身于比赛中，或者用自己的视角绕着赛场飞驰来观看比赛，那该有多酷！AI 可以实时生成球员的画面，让你感觉就像坐在观众席上，即使你没办法去现场也没关系。更神奇的是，AI 可以把你的影像叠加到你最喜欢的球员身上，让你看起来就像也在比赛一样，好像你就是场上的一员！

未来，你将有更多的方式

在赛场上互动，

这将是有史以来最好的球迷体验。

体育运动和数据还与统计密不可分。而我们都知道，AI 超爱数据和统计，这意味着 AI 可以帮助人们成为更棒的运动员，同时让粉丝的观赛体验更加多样。

不过要记住，**运动的核心永远是人的天赋和努力**。AI 只是我们的帮手，帮助我们变得更强、打破更多纪录、实现更伟大的目标。

第三章 ◪ ✕

上传中……

毛茸茸的朋友和野生动物

让它们得到更好的照顾！

确认

未来的景象

在爱尔兰某牧场，农场主注意到他的一只羊瘸得很厉害，可这里离最近的兽医院还有好几百公里。他用手机拍下这只羊的视频，并发送给他的电脑 AI 助手。几秒钟后，电脑就给出了诊断，告诉他这只羊为什么不舒服。

与此同时，在美国俄勒冈州的一家诊所里，一位兽医打开她的视频监视器，准备开始一天的工作。她的第一位"病人"出现在屏幕上：一只6个月大的柯基犬，平时活泼好动，最近却异常安静。

通过患者家里的各种智能设备，以及AI助手对视频、声音和检查数据的分析，这位兽医一天可以治疗五十多只动物，而且这些动物和它们的主人都不用亲自跑到诊所。

你最喜欢的小动物是什么？是你已经养的宠物还是正想养的宠物？小狗？小猫？仓鼠？小金鱼？

或者，你喜欢野生动物？比如狮子、大象

或长颈鹿？我们已经看到 AI 在许多方面改善了人类的生活——保护我们免受火山爆发时的伤害，帮助我们跑得更快、跳得更高，防止在运动中拉伤肌肉。

那么，AI 也能帮助动物吗？

要回答这个问题，我们应该从数据开始。**你有没有发现规律，AI 对世界的影响几乎总是从数据开始？**正如我们在恐龙、火山、海洋和体育运动中看到的那样，事情的关键在于收集大量的数据，然后让计算机开始施展它的魔力，就像我们在《太空飞行员》游戏中遇到的山脉一样。

那么，什么样的工作会牵涉很多与宠物和野生动物相关的数据和信息呢？使用这些数据的专业人士叫什么呢？当然是**兽医**！

兽医是照料动物健康的医疗专业人员，就像医生照料人类一样。他们使用各种医疗设备——从手术刀到 X 光机——来治疗宠物和其他动物的伤痛和疾病。大多数兽医在兽医院或私人诊所工作，但也有一些兽医会前往农场、牧场或其他偏远地区出诊。

兽医掌握了很多关于如何维持动物健康的知识。

他们工作中最困难的部分就包括弄清楚动物为什么生病。如果宠物会说话，能直接告诉他们哪里不舒服就好了。（鹦鹉不算！）唉，毕竟 AI 还没有能力让动物开口说话——至少现在还没有！

嗨，医生！

但是，AI 可以用许多新

的方式充当兽医的助手。它已经在飞速浏览网上关于各种动物的大量书籍和文章了。把它想象成一个**超级动物护理速成班**吧!

未来,AI 将能够扫描世界各地兽医诊所和医院过去的诊断结果(主要就是记录动物生病的原因)。不难想象,关于让狗狗和猫咪们身体不适的信息,肯定有成千上万! 这些信息可以被用来帮助你的兽医,让你的宠物恢复健康。

具体是怎么做到的呢? 所有这些关于动物的海量信息,都会存储在一个服务器上,兽医们可以随时访问。他们甚至不需要在电脑上输入问题,可以直接用嘴说出来,就像他们和人类助手交流一样。通过自然语言处理技术,AI 助手能够用通俗易懂的语言进行回答。

以下是他们之间可能会展开的日常对话：

兽医：你好 AI，我这里有一只 3 岁的边境牧羊犬，后腿无力，淋巴结肿大。它的体重也下降了大约 6 公斤。最可能的原因是什么？

AI 助手：根据我对过去 12 个月内 3642 只具有类似症状的边境牧羊犬的分析，最可能的病症是莱姆病①。

---

① 莱姆病，一种因感染伯氏疏螺旋体引起的传染病，主要通过蜱虫传播。

一旦兽医通过血液检查确认了诊断结果，他或她就可以询问 AI 助手，哪种治疗方案对当前这种莱姆病最有效。

计算机视觉技术也将被应用于动物护理。兽医可以拍摄动物的照片和视频，并将它们上传到 AI 计算机软件中。想象一下，你的猫咪或兔子身上出现了一种不寻常的皮疹或伤口感染，AI 将能够立即识别它并给出最佳治疗方案。或者，如果一头奶牛或马走路姿势奇怪，AI 可以精确判断是关节问题还是肌肉拉伤问题。

正如我们在人类运动员身上看到的那样，AI 也能够预测动物的健康问题，并在问题发生前找出最佳的预防性治疗方案。可能是动物的毛发稀疏，也可能是体重略有下降，甚至是口臭！所有这些细微的线索，即使是经验丰富的兽医也可能错过。但 AI 可以捕捉到这些线索，并用于维持动物的长期健康。

但这还不是全部。

想象一下，你的宠物从今以后再也不需要去兽医诊所了。我知道很多狗狗和猫咪会因此非常高兴。

这是因为 AI 助手可以通过你的电脑或手机进行虚拟家访，然后向兽医报告诊断结果和具体的治疗步骤，让你的宠物好起来。兽医会检查诊断结果和治疗方案，并与你合作，确保你

的宠物得到所需的护理。

　　也可以让动物训练师使用这项技术。想象一下，你拥有自己的 AI 虚拟训练师（我不确定猫咪是否需要虚拟训练师，毕竟猫咪如此热爱自由）。使用同样的计算机视觉技术和自然语言处理技术，AI 助手将能够帮你教会狗狗一些技巧。人类训犬师仍然是实际进行训练的人，但 AI 可以通过解读动物的动作和行为来提供各种有用的建议，就像能够读懂它们的想法一样。AI 甚至可以分析和纠正不良行为，比如让你家的狗不要偷咬你妈妈的拖鞋、或不要对着每辆路过的汽车吠叫。这些技术会让全世界更多的宠物主人感到高兴！

问问专家吧!

特约嘉宾：梅根·胡克博士
兽医

梅根·胡克博士不仅是一位执业兽医，她还是我家的兽医！多年来，她一直照顾着我家那些毛茸茸的朋友们。我想听听一位真正的兽医专家对 AI 的未来有什么看法，这应该会很有趣。

能利用 AI 让我的"病人"更健康，我很高兴。

毕竟，宠物可不会告诉我们它们哪里不舒服。这时候 AI 诊断就帮了大忙！比如它能快速读取 X 光片或扫描结果，如果发现问题会立刻提醒我们。这样，我们就能更快地治疗，让宠物早点好起来。我还特别期待用 AI 来进行远程上门护理，这样宠物和主人不能来我的诊所时，也能得到帮助。

AI 不会取代兽医。**我觉得它就像我的听诊器一样，是一种工具，**因为宠物和它们的主人需要和真人沟通。我们在照顾宠物的时候，也是在关心它们的主人，帮助他们理解诊断和治疗方案。总之，我非常支持把 AI 当成工具，它能让宠物和主人更健康、更快乐。

当 AI 走进野外

那么野生动物呢？我们不能忘记它们。就像宠物的兽医一样，野生动物的兽医也将受益于 AI。

你还记不记得我们前面提到的，海洋学家和海洋生物学家可以利用 AI 来追踪海底微藻的健康状况？兽医们也可以用类似的方法来保护陆地上的动物。他们可以使用无人机、GPS 和 AI 技术，来监测濒危动物，比如非洲象和黑犀牛。他们会追踪每只动物的行动，确保它们健康，并有足够的食物和水。AI 还能认出每只动物，通过分析数据了解它们的健康状况；如果需要，还能指挥无人机拍下特写画面。最重要的是，当无人机拍到人类时，AI 能识别出这个人是来帮助动物的**护林员**，还是可能会伤害动物的**偷猎者**。

假如你能和动物说话

　　我之前说过，AI 不能教动物说话。但这并不意味着我们不能利用 AI 更清楚地与它们交流。麦克风和其他形式的先进传感器技术，能让兽医 24 小时不间断地"监听"动物的声音，这是任何人类都无法独自做到的事情。这些都是**宝贵的线索**，能帮我们更深入地了解动物的行为。例如聆听鲸鱼发出的咔哒声和呼哨声，可以知道它们什么时候感到压力。同样的，狮子的吼叫声、小鸟的啾啾声，以及动物王国里千千万万种独特的声音，都能告诉我们许多有趣的信息。

　　动物们一直在互相交流。专家们已经猜到一点它们在"说"什么，但动物

的声音实在太多了，很难完全弄明白。而 AI 正在
改变这一点！它可以实时分析海量数据，找到行为
的规律，帮助我们更好地理解动物的世界。也许有
一天，这项技术甚至可以让我们不仅听得懂动物在
说什么，还能用记录下来的声音和它们"对话"呢！

你知道吗？

蝙蝠有自己的名字。它们会发出独特
的声音，用特定的叫声呼唤同伴，
就像人类呼喊朋友的名字一样。

多亏了 AI，我们不仅能给毛茸茸的小伙伴们
更好的照顾，还有可能知道你的狗狗或猫咪在想什
么、感觉如何。这会让你和你的"好朋友"的关系
更加亲密！

第四章

◪ ✕

上传中……

成为了不起的你

用AI，让你站在梦想的舞台！

确认

未来的景象

音乐停止，菲利普对着镜子完成了舞蹈动作。他累得气喘吁吁。这是一个高难度的动作，他已经练习了很久。"怎么样？"他问道。

"好多了。"他的 AI 舞蹈教练兴高采烈地回答。房间里的摄像头、传感器和 AI，一直在帮助菲利普准备即将到来的舞蹈比赛。

"你这周进步很大。"

"但我跳错什么了吗？感觉好像哪里不对。"菲利普说。

"中间部分有一些瑕疵。"AI 教练开始播放音乐，"我们回过头再试一次。"

与此同时，在大洋彼岸的澳大利亚墨尔本，艾丽莎早上醒来时感觉不舒服。她嗓子发痒，觉得很累，头也很痛。是感冒了吗？是流感？她不知道。于是她在床上翻了个身，和 AI 护士交谈起来。就像菲利普的 AI 舞蹈教练一样，她房间里的设备能让 AI 护士与艾丽莎对话，了解她的身体状况，找出让她不舒服的原因。

你有没有想过要在某件事上变得很出色，甚至出类拔萃？

也许是舞蹈、象棋或烹饪。不管是什么，如果你想学习一项新技能或培养某方面的才能，AI 都能帮上忙。

问问专家吧！

特约嘉宾：朱莉·詹森
研究员

朱莉·詹森是一位人类行为研究员，研究人类行为背后的情感和经历。她与世界各地的人们一起进行研究，以了解像 AI 这样的技术将如何塑造人们的未来。AI 有能力让每个人都变得很出色。

我们或许想融入集体并被他人喜欢，或许渴望在某些方面成为精英。这些渴望，有时是秘密的渴望，有时也没那么私密。

我们都想变得优秀，成为了不起的人。

这对每个人来说都是一件非常个人化的事情，它对我们每个人认识自我都非常重要。

AI 在这个时候，就可以帮上忙。我们会拥有私人助理或教练，帮助我们每个人实现这些渴望。有时候，与其他人谈论你想成为什么样的人是很困难的；但与 AI 交谈会容易得多。你可以在自己房间的安全私密的环境中，悄悄努力，成为一个出色的舞者或超级棒的演讲者；等到准备好时，再把你的精彩展现给全世界！

未来，AI 将是一个既安全又有趣的方式，能帮助你探索你的梦想。然后它还能当你的教练，帮助你一步步实现梦想。

现在有很多应用程序和网站可以教你新的技能和爱好。社交媒体信息流和视频可以教你如何烹饪、做木工或建造什么东西。这些都非常好。但它们不是专属于你的，因为它们不是根据你自己的学习方式来设计的，也不会在你学习的过程中适应你。这一切都将在未来发生改变。

你的定制化课程

假设你想学习如何成为一名厨师，这很棒。有很多电视节目是关于厨师的，他们有自己的餐厅和书籍，简直就像明星一样。也许你不想成为一名厨师——你想成为最好的舞蹈家、工匠或其他什么，这也很棒。但厨师的例子可以说明我的观点，然后你可以把它应用到你的热情所在。

好的，回到成为一名厨师的话题。

成为一名优秀的厨师，有很多东西要学：如何切菜、准备和量取食材；如何正确烹饪不同的食材；如何做出不同口味以及食材如何搭配。这的确令人兴奋。

我认识的许多厨师都说，学会做一个完美的煎蛋卷，是最好的开始。大多数人认为这超级简单，但实际上这需要很多技巧。而学习这些技巧，正是 AI 可以提供帮助的地方。

与其观看视频或阅读烹饪书（这两者都很好），不如想象一下，如果你有自己的 AI 厨艺教练，可以在每一步都帮助你：如何选择合适的平底锅，使用正确的油来煎鸡蛋；如何打鸡蛋，以及最重要的技能——颠锅！

当然，你可以通过观看视频来学习这些东西，但是一个 AI 厨艺教练可以在你学习的过程中，随时帮你做出具体的调整和改进：也许你的力量不足，应该用一个更小的平底锅来煎鸡蛋；也许你家的鸡蛋更适合用黄油煎而不是用橄榄油。

AI 就是这样帮助你做出世界上最好吃的煎蛋卷，或者让你成为一名优秀的舞蹈家或棋手。但有一件事，AI 在未来也无法做到——它不能尝尝你做的美味煎蛋卷。

没关系，当你做出完美的煎蛋卷时，就是时候让家人和朋友们看看你的新技术了——**让他们尝尝吧！**

未来的就医之旅

AI 不仅可以帮助你个人在某件事上变得超级出色，还可以在你感觉不舒服时，帮助你了解自己的健康状况。与我们在上一章中提到的动物朋友不同，我们人类可以告诉医生哪里不舒服。但这并不意味着医生可以马上知道我们得了什么病。

这时候，AI 就派上用场了。还是那句话，一切都与数据有关。医生凭借肉眼看到的关于病人的信息，比不上电脑能处理的数据量。尤其是我们身体里面发生的事情，比如心脏、肺和肝脏的情况，医生很难通过眼睛全部看出来。

毫无疑问，如今医学与 AI 的结合中，最令人兴奋的进展之一，是在放射学领域。放射科医生是专门使用电脑图像（如 X 光和超声波）治疗疾病的医生。虽然这些听起来有点吓人，但这些

图像能帮助放射科医生和其他医生合作，更好地了解身体内部发生了什么。他们通过观察这些图像，努力找出病人哪里出了问题。这样的方法拯救了许多生命。未来，搭载 AI 的电脑能够更好地分析这些图像，因为它们可以将图像与大量数据进行对比，包括病人的病史和其他有相同问题的人的病史。这就是 AI 中所谓的"**大数据**"。而且，这项技术将越来越强大，以帮助医生治愈病人，攻克像癌症、糖尿病这样的重大疾病。

技术小知识

大数据

大数据是指那些数据量太庞大，人类、甚至普通的电脑软件也处理不了的数据集。只要 AI 软件足够强大，它就能够理解这些大数据。在医疗 AI 领域，大数据包括病人记录、放射学扫描、手术视频、期刊文章等。

AI 医疗就是这样：能快速准确地找出病人的问题在哪里，能帮助医生更早、更有效地开展治疗。

在生病之前就开始治疗？

那有没有可能，医生能在你生病之前就开始治疗？通过 AI 的帮助，医生能否在你感觉到任何症状之前就发现问题呢？

这就是所谓的**健康模式分析**。未来 AI 能够看到数据中的模式，并发现医生可能想不到的潜在问题。现在已经有一些虚拟的 AI 聊天机器人式的健康助手，它们能收集病人的信息，并根据大数据评估病人的情况。聊天机器人是一种模拟人类对话的计算机程序，它允许人们与数字设备互动，就像他们在与真人交谈一样。这些工具将能够访问更多的数据，并为你提供个性化的答案。

现在，人们担心自己生病的时候，常常在网上搜索、寻找解释——这样可能会导致错误的判断和误诊。而且，网上关于人类健康的错误信息也很多——因为很多没有医学背景的人会假装是医生。但是，有了 AI 医疗助手，生活中会少了很多误判，它能帮助病人找到正确的方向。因为它可以获取更多、更专业的信息，让我们得到更加准确的答案。

全天候的医疗服务

医生给你制订了治疗方案并让你回家后，不可能全天候地陪在你身边——他们还有其他病人要看，还有家人要一起吃晚饭呢！

未来，当你的医生不在你身边时，你的手机或家里的 AI 医疗助手可以随时陪伴你，关注你的病情进展，并确保治疗有效。这就是被学者称为"居家医院"的技术。

更重要的是，未来的 AI 医疗助手将能够在你身体出现问题的那一刻就识别出来。通过分析你身体状况的所有大数据，AI 可以**预测**你患上某种疾病的概率。

如果发生这种情况，它可能会开始监测各种生命体征，确保真的出现问题的时候能够立即通知医生。这意味着你可以在第一时间获得救助，大大增加康复的机会。

在 AI 和大数据时代，确保个人医疗信息保密比以往任何时候都更加重要。这对医疗行业来说是一个巨大的挑战。现在正在研究的一种解决方案是，在病人的信息进入任何 AI 数据库之前，都要进行"去标识化"——也就是把数据匿名化，这样任何人（或机器）查看数据时，都无法追溯到某个具体的人。

照顾你的心理健康

如果你生病了，康复的过程很不容易，还会影响你的心理健康。而 AI 确保你的身体康复的同时，还会关怀你的心理健康——因为，你的感受很重要。AI 可以

与你和你的医生合作，更好地了解你的感受，并找出能缓解你焦虑的方法。这种 AI 的有趣之处在于，它可以在许多不同的硬件上使用。记住，硬件就是 AI 软件与你互动的场所。也许是你的**手机**，或你的**电脑**。但在未来，它可能是你的**床头灯**，或你最喜欢的**玩具熊**！你跟什么东西交谈更舒服，AI 就可以出现在什么东西上。这在你关注心理健康时尤其有用。

　　总之，在未来，AI 可以帮助我们变得更加出色。它可以学会任何一项新技能或爱好，在你生病时帮助你感觉更舒服些，并且寻找合适的医生，让你拥有更健康的身体。

第五章

上传中……

让我们走进有感知力的家

比智能家居更周到的服务！

确认

未来的景象

在上海，有一对十几岁的姐妹放学回家。当她们走上家门前的小路时，隐藏的摄像头认出了她们的面孔，系统自动解锁并打开了大门。她们一进门，灯就亮了，墙壁和天花板上的音响开始播放她们最喜欢的歌。她们对屋里的AI助手说,要给一个好朋友打电话。

几秒钟后，朋友的脸就出现在墙上的投影显示屏上。她们聊了几分钟，这时妈妈也出现在显示屏上，告诉她们该做作业了。妈妈还补充说，晚餐会做她们最爱吃的菜，这是根据她们最近几个月喜欢的食物，由 AI 推荐的。姐妹俩开心地拍手，然后开始专心做作业。

像大多数科幻迷一样，我很喜欢"有感知力"这个词。它的意思是能够"感知"或理解周围的世界，并采取行动。这通常用来形容一些生物，比如海豚和狗——它们既聪明又有趣。而机器人也可以是有感知力的，即使它们不像你我一样拥有意识。

汽车也可以！而且现在，科技已经发展到了让整座房子都具备感知能力的地步！

曾经有一部电影的名字叫《如果墙壁会说话》。多亏了 AI，现在它们真的可以了！

让我们来进一步解释一下。

如果你用过像 Siri 这样的数字助手，那么你已经体验过 AI 了。在家居领域，这些数字助手最早是安装在连接 Wi-Fi 的智能音箱里，由 AI 软件驱动，并且能访问海量数据。当你向它们提问时（例如：今天的天气怎么样？今天开车去学校要多久？谁是有史以来最伟大的足球运动员？），数字助手会在庞大的数据和信息中寻找模式、计算概率，给出最合适的答案。这本质上和古生物学家辨认恐龙脚印、兽医诊断动物疾病背后的原理是一样的。

从"智能"到"有感知力"

现在，AI 已经不仅存在于智能音箱或其他单独的电子设备中了。它正被内置到房屋的实际结构中。人们会把这样的房子称为"智能家居"。"智能家居"这个词用来形容配备了高科技的房子，例如墙壁后面的特殊传感器、冰箱和烤箱等电器内部的传感器，以及水管和供暖系统中的传感器。

这些智能设备不仅需要完成它们的主要任务，比如让冰箱里的牛奶保持冷藏，还会收集关于房子里的各种各样的数据。现在，人们用这些技术远程控制设备，或者自动化一些功能，

比如在特定时间开关灯。

随着 AI 的发展，未来的智能家居将进化成"有感知力"的家。它不再只是一些简单连接到互联网的设备。通过 AI，这些设备将互相交流、协作，并利用所有收集到的信息自主完成任务。未来，你甚至不需要告诉设备该做什么，AI 会自己来进行协调，自动管理家中的一切：在检测到漏水时关闭水源，或者当家里有点冷时自动调高温度等。这就是智能家居开始向"有感知力"的家转变的结果。但事情还不止于此。未来，AI 还能了解你的个性，帮你和他人建立联系，以及帮助你保持健康。

问问专家吧!

特约嘉宾：拉迪卡·米斯特里
未来学家、建筑设计师兼教授

拉迪卡·米斯特里一直在帮助她的学生以及建筑师和工程师（那些真正建造房屋、摩天大楼、道路和城市的人）思考未来。

未来，由 AI 驱动的家将成为你的好伙伴。它会帮你连接朋友、家人、周围的城市，最重要的是，它会让你和周围的社区紧紧相连。

作为建筑师，我们努力让房子变得更"聪明"，能随时适应变化，让人们的生活更美好。而 AI 正是实现这一目标的好帮手！想象一下，如果你的家能帮助你起床、准备上学，还能确保冰箱里有你早餐要喝的果汁，那该多棒啊！更神奇的是，如果 AI 可以根据你的需要调整周围的环境会怎么样呢？——当你要做作业时，书桌会自动出现，房间会变得安静，灯光也会调到最适合集中注意力的亮度；而当你想放松时，你最喜欢的音乐响起，墙壁上的颜色也会让你感觉轻松舒适。未来的房子能做的事情实在太多啦！

墙壁除了会说话，还可以……

未来，你甚至可以通过聊天机器人与你的房子进行对话。

那么，为什么我们会想要一个有感知力的房子，甚至是能说话的墙壁呢——除了你心情不好时，房子还能讲笑话逗你开心之外？

咚 咚 咚！

其实，拥有一个有感知力的房子还有很多好处呢！

谣言粉碎机

谣言：AI 会让黑客入侵你的房子！

真相：虽然任何连接 Wi-Fi 的设备都可能成为黑客入侵的入口，但其实有很多方法可以把他们挡在门外，就像锁好门窗能防止小偷一样。首先，所有连接的设备都需要有一个"强密码"，就是那种黑客根本猜不出来的密码，而不是"1234"或"8888"。另外，你也可以使用密码管理器。那是一种帮助你管理所有设备和账户密码的应用，让你只需要记住一个密码就可以管理多个设备。未来，密码管理器可能会用你脸部的形状，或者你眼睛虹膜的确切图案来确保你的密码更加安全。

最后，你还可以告诉爸爸妈妈或其他监护人，检查一下家里的 Wi-Fi 路由器和其他连接互联网的设备，确保它

们更新到最新版本，具备所有最新的安全功能和修复措施。这样也能帮助保护你的房子。

◎有助于保护地球

你没看错！一个有感知力的家，可以保护地球。除非你一直与世隔绝，否则你一定听过很多关于气候变化的事情。气候问题可能是比 AI 更热门的话题。这个问题大家的意见各不相同，但如果有一件事是大多数人都同意的，那就是我们都应该尽量减少能源消耗、节约水电，并且尽量少用石油等不可再生的资源。

你知道吗？我们住的房子也使用了很多能源哦！这是真的，我们的房子大约占了全球能源消耗的 20%。

这么多！我们可以少用一点儿吧？

AI 可以帮忙哦！

00011010110

方法如下——

房子会产生很多数据，而且房子也可以对这些数据做出反应。如果你现在已经学到了一点，那就是 AI 最喜欢的东西就是数据，成堆成堆的数据！

其中一个最大的数据集跟能源有关。夏天，

房子需要用能源来保持凉爽；冬天，它需要用能源来保持温暖。房子主要通过启动供暖和制冷设备来做到这一点。但是，这里面有很多因素需要考虑，比如外面的温度、家里有多少人（以及他们最常待在哪些房间）、燃料和电力的成本，甚至是住在这里的人对温度的偏好。

如果有一种方法能把这些数据都分析出来，让你的家只在需要的时候工作，既能保持你和家人的舒适，又不浪费能源，那该有多好呀！幸好，借助机器学习，有感知力的家现在已经可以做到这一点了。例如它的恒温器知道在你外出或睡觉时自动调节温度。

窗帘会自动开关，根据季节的不同，要么让阳光照进来，要么把阳光挡住。如果家里有屋顶的太阳能板，它还能自己发电和储存能源，甚至还可以把多余的能量分享给邻居呢！

最棒的是：

节约能源也可以省钱。

如果将所有这些 AI 带给我们的改变加起来，拥有感知力的家居的人每年能省下好几千元的能源费用，然后把这些钱花在更好玩的事情上，多好！

◎让家成为更安全的地方

当我还是个孩子的时候，我喜欢一个人待在家里。但我内心深处，还是希望父母赶快回来，因为一个人待在家里会有点害怕。你也有同样的感觉吗？

AI 就可以保护我们的安全。

还记得 AI 是如何 24 小时全天候监控濒危动物的吗？它也可以用同样的方法来保护你的家，利用装有双向通讯的摄像头来帮助你。AI 还可以通过人脸和语音识别来了解你长什么样，甚至能听出你的声音。通过这些，它能够了解你和你生活中的其他人，比如你的朋友和家人。你家门口的那个人是谁呢？是你最好的朋友来找你，问你想不想一起骑车，还是一个小偷，准备进来偷点东西？

通过先进的预警技术，你的家也可以保护你免受火灾、洪水和其他灾难的侵害。现在已经有一些这样的技术了。例如现在已经有传感器可以与家里的电线连接，帮助检测危险的火花和有缺陷的电器——这两者都可能引发火灾。还有一些小巧又不贵的传感器，可以安装在家里的水管里，提醒你漏水、管道冻结和其他水管相关的危险。

◎**它让生活更轻松，也更有趣**

但最重要的是，有感知力的家也会更加有趣！在未来，当 AI 几乎进入每个家庭时，它将更好地了解住在里面的人。每天你回到家时，内置的 AI 可能已经准备好为你服务——播放你最喜欢的音乐，调节灯光和温度到刚刚合适的水平，想出今天的晚餐吃什么，甚至帮助你做作业（但这并不是个好主意，本书后面会讲到这一点）！如果你今天过得很糟糕，它也能贴心地察觉到，并给你讲几个笑话来逗你开心。

让我们谈谈隐私

这一切听起来都很不错，对吧？但也有一些风险。我们让带有摄像头、传感器和 AI 的计算机系统进入我们的家时，确实需要小心信息泄露。AI 不过是个计算机软件，但很多人仍对家里这么多监控感到担忧。

对于任何拥有有感知力的家居（或仅仅是智能家居）的人来说，完全掌控自己的数据和系统将是非常重要的。

你可以从今天开始，采取一些简单的行动，比如跟你的父母、监护人或老师谈谈哪些数据应该保密、哪些可以分享。如果在聊天、游戏或邮件中遇到让你觉得不对劲的情况——比如，有人问你私人信息，不要和那个人继续交谈。找个大人，告诉他们你的担忧。意识到隐私和数据的重要性，是保护自己的第一步。

在未来，你的家依然是你的家，AI 的目标是把它变得更舒适、更安全，也更环保、更有趣。

第六章

上传中……

未来的机器人

机器人朋友、无人机、自动驾驶以及……

确认

未来的景象

在爱尔兰的都柏林，保罗放学回到家。他刚打开门，他的机器人吉米就从客厅走了出来。

"你好，保罗！今天在学校过得怎么样？"机器人问。

"不太好。"保罗取下背包，把它丢在地上，"我数学考试没考好。"吉米走到保罗跟前，抬头看着他。

"真遗憾，"吉米回应道，"也

许我们可以稍后复习一下，为下一次考试做点准备。但现在，不如我们先玩个游戏，让你忘掉烦恼？《太空飞行员》游戏里我还赢了你呢！"

保罗对这个好胜的小机器人笑了笑："好啊，吉米，我们玩游戏吧。"

在地球的另一端，通往阿根廷的首都布宜诺斯艾利斯的主干道上，许多车辆正快速行驶着。一辆满载着新鲜农产品的货车正沿着蜿蜒的道路驶向城市。突然，一匹野马冲到了路上。货车猛地刹车，巧妙避开了那匹马。真是令人印象深刻的驾驶技术！但是——等等！方向盘后面竟然没有司机。事实上，根本没有方向盘。这辆货车是自动驾驶的！它继续向前行驶，直奔市中心，途中没有遇到交通堵塞。这是因为路上的大多数车辆都是自动驾驶的，所以几乎不需要停车标识和红绿灯了。在无人驾驶汽车盛行的时代，交通堵塞已经成了过去时——连刺耳的汽车喇叭声也消失了！

你有没有想过拥有自己的机器人？我就有一个！我的机器人叫吉米。他住在我的图书室里，是个可爱又有趣的小家伙。他很擅长讲冷笑话，而我喜欢冷笑话！他被设计成一个社交型机器人，能和人们交谈和互动。他大约一米高，样子挺可爱的。我几年前和一群设计师、工程师、AI软件设计师朋友一起创造了吉米。AI和机器人就像牛奶和面包一样，是天生一对。自从机器人被发明以来，它们就一直是一个重要的组合。

你知道吗？

我们所知的最早的机器人，是由美国发明家乔治·德沃尔在1950年代初制造的。他发明了一种可

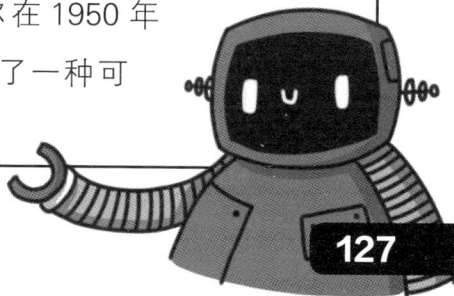

重新编程的机械手，并获得了专利，名叫"Unimate"，意思是"通用自动化"。在接下来的 10 年里，他试图出售这个产品，但没有成功。到了 20 世纪 60 年代末，商人兼工程师约瑟夫·恩格尔伯格德沃尔合作，将其改造成了工业机器人，并成立了一家名为 Unimation 的公司来生产和销售它。由于他的努力和成功，恩格尔伯格在业内被称为"机器人之父"。

软件 + 硬件 = 机器人

就像我们在最开始提到的那样，AI 是软件，它是机器人的一半，硬件是另一半。机器人的硬件，不仅包括帮助它理解周围世界的微处理器和视觉传感器，还包括帮助它在现实世界移动的马达和特殊定位传感器。正是这种神奇的软硬件结合，才创造了机器人。

今天，我们到处都能看到机器人。许多机器人正在做一些人类难以做到的事情（比如我们在第一章中提到的无人水下航行器）。机器人做的事情对人类来说太枯燥、太脏乱、太危险了——我们称之为"机器人学三件套"：枯燥、脏乱和危险。这就是为什么我们能在海洋深处看到机器人，为什么我们能在工厂里看到它们在造汽车，能在仓库里看到它们在处理网上订单、把商品送到我们的家里。

这些机器人身上的 AI 软件，使它们能够执行训练过的特定任务，比如焊接金属部件，或从货架上取下特定产品并准备好发货。机器人是 AI 应用的最佳例子之一。

换个"马甲"，还是机器人

　　我们现在知道了，机器人是 AI 软件和硬件的结合体。这意味着，机器人可以不仅仅是工厂里的机器人，或者是陪你下跳棋的机器人朋友。机器人可以有许多不同的名字：无人机是在天上飞的机器人，自动驾驶汽车是载着人们四处行驶的机器人，自动驾驶卡车是运送食品和运动鞋等货物的机器人……总之，机器人可以用许多其他的名字来称呼，但它的本质仍然是由 AI 软件驱动的机器人。

空中飞行的机器人

　　我们已经聊过了 UUV——无人水下航行器，它们是在海洋底下工作的机器人；无人机（UAV，Unmanned Aerial Vehicle） 则来到了天空，是在空中执行任务的机器人。

无人机可用于搜索和救援任务中，比如徒步旅行者在偏远的荒野中失踪的时候，它们可以迅速定位；发生森林大火时，它们可以在空中扑灭野火；它们可以给遭受自然灾害的人运送药品和物资。无人机还非常适合拍摄很酷的空中照片和视频，它们甚至可以用来创作艺术、进行美妙的空中表演。

但是，谈到无人机改变世界的潜力，我们这里才刚刚触及皮毛。在 AI 的驱动下，未来的无人机可以互相共享数据，创建一个前所未有的全球网络系统。

如果你有一个在空中飞行的机器人，会用它来做什么？

路上奔跑的机器人

自动驾驶汽车

在本书前面，我们了解了技术如何将我们从 A 点到 B 点的速度提高了 3000 万倍。

这是一个相当惊人的变化。但比起 AI 将对整个交通运输行业产生的影响，这还不算什么呢！

对很多人来说，拿出手机，叫一辆自动驾驶汽车送自己去商店或上班，听起来就像是科幻电影里的情节。自从交通工具出现以来，人类一直是行动的中心。自行车有骑行者，汽车有司机，火车有列车员，飞机有飞行员……

AI 对交通产生的最大影响之一，就是自动驾驶汽车的到来。能够自己开动的汽车和卡车，是真实存在的。事实上，它们已经在世界各地许多城市街道上进行测试了！

◎ **五个最早拥有自动驾驶汽车的城市**

美国安娜堡、阿根廷布宜诺斯艾利斯、法国巴黎、美国匹兹堡和美国旧金山。

◎ **中国开放自动驾驶的城市**

目前，中国北京、上海、重庆、武汉、深圳、苏州、杭州、广州、长沙、南京等城市均在逐步开放自动驾驶。

对许多人来说，"自动驾驶"的想法是一个巨大的飞跃。毕竟，人类的天性是想要掌控一切。这就是为什么这么多人害怕坐飞机——因为他们无法控制飞机，只有飞行员才能控制飞机。大多数普通人根本不知道怎么开飞机，但让大家感觉安全的是，至少驾驶舱里还有一个人。（不过我们稍后会看到，这也可能会改变呢！）

开车就不一样了。你早已习惯看到爸爸妈妈或是朋友的爸爸妈妈坐在驾驶座上，而他们自己也习惯了自己坐在驾驶座上。可是现在，突然间，驾驶座上没有人了，我们要相信 AI 能自己开车。这对很多人来说实在是太吓人了。

别误会我的意思，这项技术还有一些问题需要解决，这就是为什么它的推广速度非常慢。目前，真正的自动驾驶汽车并没有得到广泛应用，它一直在改进。

就像我们在本书中介绍的其他 AI 带来的改变

一样，这绝对是一件好事。

为什么是好事?

我很高兴你问了这个问题!

🔍 你知道吗?

世界上第一辆自动驾驶汽车的模型，是在1939 年纽约世博会上由通用汽车展出的。这辆电动车是通过无线电控制的电磁场引导的。花了 20 年，这个概念才成为现实。几十年来，工程师们不断改进自动驾驶汽车。如今，已经有一些自动驾驶汽车在道路上行驶了——但它们还没准备好完全取代人类司机哦!

◎对人类更安全

AI 驾驶的汽车不会分心。它们不会边开车边吃东西；它们不会看手机，也不会和兄弟姐妹吵架；它们不会犯困，也不会陷入白日梦；它们当然也不会一边扯着嗓子唱着最喜欢的流行歌曲，一边把视线从马路上移开。

AI 会专注，因为这是我们编程时教它们要做的事情——关注周围发生的每一件小事。这意味着它们每时每刻都会遵守限速和其他交通规则（很多人类司机可做不到这一点）。它们会注意到危险的情况，比如湿滑的路面或路上的小障碍物（这是人类司机常常忽视的东西）。它们会在开车时时刻保持警惕，观察其他司机的行为（没错，这又是我们人类不太擅长的地方）。

装上了 AI 摄像头和高级传感器的自动驾驶汽车，还能收集所有的道路信息——它们在一次行程中就能处理数万亿字节的数据。这就像《太空飞行员》里的 AI 增强软件一样，能够轻松解决人类飞行员根本无法应对的外星危机。为了做到这一点，工程师们使用了一种叫作"深度学习"的技术，来教 AI 明白在各种可能的情况下该做什么和不该做什么。

技术小知识

深度学习

　　深度学习是一种机器学习方法，它教 AI 从例子中学习，这种方法是来自于我们大脑中神经元的工作方式。深度学习使用的主要算法叫"神经网络"。神经网络会通过多个不同的信息层，帮助 AI 弄清楚某样东西是什么。比如，一个使用深度学习的 AI 会先观察它想要识别的物体，并识别出一些特征。在下一层中，它会更仔细地关注这些已经识别出的特征，并进行更深入的分析。每下一层，它离正确答案都会更近一步。通过深度学习，AI 逐渐明白哪些特征更重要。这样，它就能先察看最重要的那些特征，用更少的步骤找到正确答案。

　　它是这样工作的：想象一下，你正望着窗外，突然看到有什么东西在动。为了弄清楚你刚才看到了什么，你的大脑会快速进行一连串的问答。就像这样——

我刚才看到的是动物还是树？

○是动物

好的，现在我知道是动物了。那它是松鼠、猫还是狗？

○是狗

现在我知道是狗了。那它是贵宾犬、大丹犬还是梗犬？

○是贵宾犬

好的，是贵宾犬！那它是黑色的还是白色的？

○是黑色的

那它是我的黑色贵宾犬，还是别人的？

○是你的，是阿福！

哦，不好，阿福跑出去了！

深度学习的过程和这个很像，它试图理解最初一无所知的数据，然后通过一连串的问答，一步步接近一个可能非常正确的答案。

◎对环境更友好

自动驾驶汽车对环境也更有利。首先，它们大多是电动的，使用电池供电，而不是排放碳的汽油。而且因为有了 AI 加持的系统开车非常安全平稳（比如不会猛踩油门浪费电），自动驾驶汽车还能比人类开车更高效省电。

由于自动驾驶汽车不需要人类司机，未来可能会出现更多的拼车服务。每个人都需要从一个地方到另一个地方，但不是每个人都需要拥有一辆汽车。有了自动驾驶车队，想去哪里叫个车就行，就这么简单（现在在不少城市和地区已经实现了）。
这带来了自动驾驶汽车的另一个好处——减

少交通堵塞。

◎ 不再需要红绿灯

让我们想象一下，如果没有人类司机，未来的私家车、公交车和卡车会是什么样子。从一开始，这些车是为了有人的驾驶而设计的。AI 接管了方向盘，你能想象这些未来的汽车会发生怎样的变化吗？也许前排座椅会完全消失。卡车将不再需要驾驶室或让司机睡觉的地方。

我们不但可以想象车辆会如何变化，还可以想象一下道路会变成什么样子。你还需要红绿灯吗？不需要了。一辆技术足够成熟的汽车，一定配备了 AI、大量传感器和数据网络，所有的车和交通工具都会知道其他车辆在哪里，它们都会互

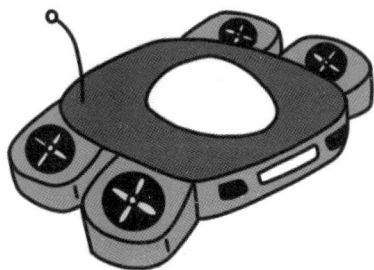

互相连接。我们再也不需要红绿灯了！未来的交通像一场完美编排的芭蕾舞，每个舞者都确切地知道其他舞者会做什么。

多么美妙，多么神奇！

◎ 自动驾驶的快递车

自动驾驶的车不仅可以载人，还可以运送货物，比如你附近商业街的运动鞋或杂货店的食品。这会改变我们获取东西的方式，也会改变东西存放的位置。

想象一下像上海、伦敦或者巴黎这样的大城市。装满运动鞋和食品的自动驾驶卡车可能会一直在城市里行驶。它们通过与 AI 网络连接相互沟通，也与正在销售商品的街边商店进行即时交流。商家再也不需要在仓库里存放货物了。卡车上的运动鞋可能根本不需要送到商店，它们可以精准地送到你家！

你想拥有怎样的机器人？

机器人的未来不仅取决于科学和工程，还取决于创造力和想象力。这些在陆地、海洋和空中飞行的机器人可以做的事情是无限的。这意味着我们需要想象，我们希望它们做什么全新、惊人的事情。

那么，你会怎样在你的生活中使用机器人，来改善你的生活呢？

问问专家吧！

特约嘉宾：埃内尼·班巴拉－阿班
机器人工程师、理工科教育家、慈善家兼电影制作人

思考一下 AI 和机器人的未来，你会发现可能性是无穷无尽的。

在未来，AI 将让每个人都能成为技术专家。也许你没有资源、没受过专业的培训，

但只要你有热情和梦想，你依然可以创造出惊人的东西。

　　作为一名机器人工程师，我想告诉你的是，不要害怕你的想法太傻、太小或者太不切实际。我们需要所有这些想法，才能为 AI 和机器人创造一个真正有趣的未来。而开始并不难。首先，你需要去想象它，而且想法越独特越好。你可以开始把别人从没想过的东西拼凑在一起——这就是我们创造新想法的常用方式。即使失败了，也要再试一次——这也是尝试的美妙之处。因为即使是失败，也能教会我们新的东西！

　　我对 AI 和机器人的未来感到非常兴奋，我给大家最强烈的建议就是——**大胆创造**！继续创造机器人，继续创造新想法，继续建立自信，继续和那些同样喜欢创造东西的人建立友谊。继续创造吧！

第七章

◨ ✕

上传中……

让我们飞向太空

寻找智慧生命，去更远的地方！

确认 ▶

未来的景象

飞船缓缓盘旋下降，抵达这颗红色星球的空间站。自从第一个人类殖民地在火星上建立以来，已经过去了 50 年。现在有超过 10000 个人住在那里，其中许多是太空工程师，他们正忙着绘制宇宙新区域的地图。而外面有太多东西等待我们去探索！火星只是一个开头。多亏了安装在火星上的 AI 驱动望远镜，我们才能不断地发现邻近星系中有智慧生命的新迹象。在火星补充燃料之后，飞船将继续它的宇宙之旅。它所做出的发现可能会改变人类历史的进程，揭开宇宙更深的奥秘。

你现在应该知道了，AI 擅长计算庞大的东西。东西越大，我们就越想用 AI 来理解它。

是的，太空很大，大到令人难以置信。想象一下，我们到月球的距离是 384400 千米，而这只是我们在太空中最近的邻居！如果说月球是我们的邻居，那么太阳系就是我们居住的"小区"。太阳系的边缘在哪里呢？离太阳越远，太阳的引力作用越小，到了太阳引力作用小于外面别的引力的地方，就是太阳系的边缘了。因为太远了，所以很难准确测量出我们小区的边缘在哪儿。天文学家估计，它所在区域距离地球的距离，大约是地球到太阳距离的 2000 倍。这可真够大的！

我们所说的太阳系，其实是一个行星系统；我们叫它太阳系，因为我们围绕着太阳转。但是那只是"我们"的小区。在我们的宇宙里，有成百上千亿个和太阳系一样的行星系统。

你知道吗？

宇宙是所有存在的物质、能量和空间的总和。它大约在 130 亿年前从大爆炸开始，之后一直在不断膨胀。

宇宙非常大，广阔的黑暗中充满了各种各样的东西，包括行星、黑洞、恒星和小行星。但人类不可能在太空中长时间生存。我们出生在地球上。我们地球人需要水、食物、重力和氧气，这些都是我们生存的重要条件。而在太空里，找到这些东西可不容易。

　　但作为人类，我们仍然想知道外面有什么，对吧？要是有什么东西能帮助我们去探索那未知的世界就好了。它能够处理海量数据和信息，而不需要喘口气或停下来吃午饭。它也不会因为离开家人几个月甚至几年而感到想念。

　　我当然是在开个玩笑。**这种东西今天已经存在了，那就是 AI！**

谣言粉碎机

　　谣言：机器人将统治世界。

　　真相：这种说法有时候被叫作 AI 的"替代神话"——意思是说，很多人认为经过 AI 训练的机器人会取代人类。这是很多科幻电影和电视剧的前提。但事实上，这纯粹是虚构的，就像外星人来地球并占领这个星球的故事一样。正如本书中多次写到的，AI 机器人将被派去做一些我们人类自己做不了的事情，比如潜入海底探险，或者连续开车 24 个小时而不需要休息。机器人不会取代我们，相反，它们会让我们更强大！

　　设计、开发和测试火箭、卫星以及其他太空探索设备的人，被称为航天科学家，他们是世界上最聪明的一群人。

但即使是航天科学家也不能解决所有问题，这也是为什么经过几十年的太空探索，我们只成功地将人类送上了月球，并把无人探测器送上了几颗行星。

未来，在 AI 的帮助下，我们有机会在宇宙中做更多的事情。这个技术已经被用来管理宇宙飞船的起飞和着陆的复杂过程。它还帮助飞船安全对接到太空站。其实"漫游者"火星探测器也一直在使用 AI——自动驾驶技术让它能在火星表面探索。目前，科学家们还利用 AI 帮助发现新行星和研究恒星；工程师和宇航员使用神经网络技术来计算遥远距离上的东西，并追踪更加遥远的行星、小行星和卫星的位置。

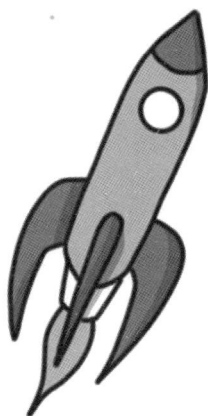

寻找智慧生命

当然，谈到太空探索时，最令人兴奋的事情之一就是发现智慧生命。大多数航天科学家都会告诉你，由于宇宙的浩瀚，可以肯定的是——外星生命是存在的。那是不是意味着会有一个像地球一样的星球，那里有看起来和我们一样的人类？不，很可能会有很大的不同。

但 AI 已经在帮助我们减小可能的范围了。从 20 世纪以来，一个名为 SETI（"搜寻地外文明计划"的简称）的国际组织一直在进行搜寻。宇宙中充满了各种噪声，所以整理、筛选所有信号是一项庞大的工程。多年来，许多来自世界各地的志愿者参与了这项工作，但还是有太多的数据需要处理。现在，我们接收到的不仅仅是无线电信号。望远镜也收集了数以百万计的图像。未来，AI 将获得所有这些数据，迅速筛选并找出可能存在生命的星球。

问问专家吧！

贝丝·克拉克
天体物理学家兼软件工程师

AI 最令人兴奋的地方在于，它将帮助我们人类探索那些我们还无法触及的其他世界。早在多年以前，我们已经能够到达月球，并且上去了好几次。我相信，接下来我们人类将会登上火星。但如果我们想探索广阔的太阳系，或其他行星系，甚至是其他银河系——也就是宇宙的剩余部分，就会面临很大的限制。我们渴望进入宇宙，而 AI 能够帮助我们更快地实现这个目标。

遥远的未来：迈向远方

正如我们讨论的，太空是如此广阔。我们要到达太阳系的边缘甚至更远的地方，会需要很长时间。但我们总是会渴望去那里。人类是充满好奇心的。我们是探索者，我们想知道地平线那边是什么，想知道"外面"到底有什么。

但我们人类最多只能活 100 年左右。如果我们想在其他星球上生活，或想遇到其他生命形式，我们得旅行很长时间才有可能。由于人类寿命的限制，这根本实现不了——距离太远，需要的时间太长。

但 AI 是一种可以让

我们走得更远的工具。在未来的宇宙飞船上，AI可以监测飞船上的人们并驾驶飞船。AI甚至可以帮助我们进入一种特殊的生理状态，让我们在漫长的旅程中生存下来，然后把人类的足迹扩展到宇宙的更远处！

深空探索的想法可能听起来像是科幻小说。但想想看，今天 AI 已经被用来做很多事情，比如导航和对接宇宙飞船，引导飞船避开行星、陨石、卫星和太空中的其他东西。未来 10 年，AI 在太空中的应用将充满可能。还记得我们的 AI 视频游戏《太空飞行员》吗？人类对宇宙的探索将开始变得像游戏中的情景一样，因为我们越是向宇宙深处旅行，就越会遇到更多的"未知"。我们需要 AI 的大力帮助，无论是设计新的宇宙飞船，还是规划未来的探索任务。

清理太空垃圾

　　你知道吗？太空里充满了垃圾。地球周围有一圈太空垃圾，里面有各种各样的东西，比如坏掉的旧卫星、散落的飞船零件，甚至是宇航员在国际空间站工作时掉落的袋子。

　　这些垃圾很危险，因为宇宙飞船、卫星和空间站需要穿过这片太空垃圾场时，可能会被撞坏。毕竟，宇宙飞船或卫星距离地球很远，要修理它们，可不像修理在路上扎了钉子的汽车轮胎那样简单。

但借助 AI，我们可以开发清除垃圾的卫星。它就像在太空中穿梭的"吸尘器"，可以利用 AI 来分辨哪些是太空垃圾，哪些是正常工作的卫星。然后，它可以吸走并清除太空垃圾，让太空变得更安全、更清洁。

也许，将来的你就是掌握这项技术的人，甚至是发明它的那个人。

继续探索吧！

这些未来的可能性，虽然没有完全实现，但这足以让科学家们眼花缭乱。幸运的是，现在科学家们正在全力利用 AI 处理各种信息。我们之前讲到的所有与 AI 相关的技术，从大数据到深度学习，也都在帮助科学家们锁定外太空中最有可能存在智慧生命的区域。

简而言之，AI 正不断地帮助我们解开和探索宇宙的奥秘。

这真是太酷了！

第八章

上传中……

无限的创意

你来说，我来做！

确认

未来的景象

　　住在英国的中学生小亚有一个超棒的主意！她想画一只憨态可掬的熊猫。可是她并不擅长画画，年纪也太小，没法做设计。但是，她还是想实现自己的想法。于是，她开始和她的 AI 设计软件对话。她给 AI 下达指令，AI 给了她一些示例。不过，这些例子都不太符合她的想法。小亚没有放弃，她继续和 AI 沟通，一起改进她的创意。最终，她实现了自己的想法。如果你喜欢熊猫，那你一定会爱上小亚的画作……

真的，谁不喜欢发挥创造力呢？你喜欢画画吗？喜欢涂色、拍电影、听音乐、玩游戏吗？艺术就是创造的过程，它几乎可以是任何东西！正如我们一路探索 AI 时反复看到的那样，这项技术非常喜欢那些广阔、开放、充满可能性的领域。而创意领域显然就是这样的领域。

"可以是任何东西？"AI 说，"算我一个！"

是的，**生成式 AI** 正在用很多方式影响着创意领域。技术和创意一直都在相互交织。但它们之间的关系往往很微妙，至少在开始的时候是这样。比如在摄影刚出现的时候，人们说它不是一种艺术形式，因为他们认为是相机完成了所有的工作。如今，摄影是最纯粹的艺术形式之一，因为我们明白了一切的摄影都始于人类的视角——摄影是一场人和机器的合作！

技术小知识

生成式 AI

生成式 AI 的意思，跟它的名字一样！这可能是我们"技术小知识"栏目第一次让一个术语的名字和它的意思完全对上！生成式 AI 是一种可以根据你的请求生成原创回应的 AI。这是一个超棒的工具，能让人类和 AI 实现互动。我们只需要对 AI 提出一个请求，它就会给出回应。和生成式 AI 互动通常被称为**"提示工程"**，意思是你提示 AI（也就是问它一个问题），然后它就会给你一个回应。

你以前可能没有听说过"生成式 AI"这个词，但我敢打赌你一定听说过它的一些应用：ChatGPT、豆包助手、DeepSeek……这些 AI 聊天机器人就是生成式 AI 的典型例子，它们使用自然语言处理技术（我们之前讨论过），创建的内容就像人类写的。它们是怎么做到的呢？

因为互联网上已经有了跟你提问的主题相关的内容，AI 会利用这些相关内容，生成你需要的答案。

比如说你问 AI 聊天机器人："谁是有史以来最棒的网球选手？"它会分析海量关于球员统计数据、各大赛事奖杯得主和网球评论的信息，试着给出最好的答案。不过呢，AI 并不是每次都百分百正确。它虽然很有用、很便捷，**但有时候也可能参考了错误的信息。**所以，你一定要自己来判断 AI 的答案合不合理哦！

AI 聊天机器人有很多用途，特别是在需要整理内容而不需要原创想法的时候，比如总结已有的观点，或者告诉你别人是怎么表达某个想法的。

　　当然，生成式 AI 还能创作其他类型的内容。这就是为什么生成式 AI 如此具有创造力的原因。它们甚至可以写出一个短篇小说，如果你要求它写的话。

　　但这也引发了许多问题。记住，AI 是通过大量例子训练出来的软件。我们会对这个会写短篇小说的 AI 聊天机器人有一些疑问，比如：它是根据哪些故事训练出来的？那些故事分别是谁写的？那些作者是否允许 AI 工程师用那些故事来训练这个能写短篇故事的 AI 聊天机器人？这是一个具有争议的大问题——写作者和其他创意作者是否需要同意 AI 系统使用他们的作品。

我还想问，除了作为一个有趣的试验外，你为什么会想要一个由 AI 写的故事呢？人类原有的创意要有趣得多；而 AI 只能从已有的内容中提取素材，所以它输出的东西就是把它学到的内容混合在一起的结果，并不是百分百原创的。而你用自己的脑袋想出来的东西，会更独特、更精彩！

　　话虽如此，AI 作为一种工具，也可以帮助你激发自己的创造力，或者克服写作障碍。例如你会用 AI 来给你要写的故事提供一套背景设定，提高你的写作效率。如果你要写一些你没有去过的地方，那么 AI 就可以帮你做一些研究，提供关于这个地方的细节。这样你就可以发挥创意，把这些细节融入你的故事中。

　　或者，你可能在写诗时卡住了，怎么也想

不出和"恐龙"押韵的词，你可以问 AI 聊天机器人要一些押韵的词——突然间，你就能灵感迸发，写出一段："玩拔河的恐龙，在海边轰隆隆！"

 你知道吗？

编程也是一种艺术形式！当你编写计算机程序（比如 AI）时，你就是在发挥创造力，你就是在进行艺术创作。AI 软件工程师正是在用想象力，凭空创造出这些全新的东西。

用你的创意去使用 AI

虽然我们可能不需要 AI 为我们写故事，但如果你需要帮助将你的想法可视化，AI 可是非常棒的。有一些生成式 AI 可以在你"提示"之后，创作出前所未有的艺术作品。

下面有一个很好的例子，来说明生成式 AI 如何成为创意人士的工具，帮助他们将自己无法绘制或创造的东西可视化。在 AI 的时代，重要的不是创造图像的能力，而在于通过"提示"提供原材料给 AI，让它创造出令人惊叹的新视觉效果。

问问专家吧!

特约嘉宾：尼古拉斯·纳卡戴特

设计师、艺术家兼 3D 技术总监

尼古拉斯曾参与过《钢铁侠》《超人归来》等多部好莱坞电影的制作,设计过运动鞋,并使用 AI 创作过各种各样的艺术作品。他已经这样工作了 20 多年——在 AI 领域，这真的是很长一段时间了。关于 AI 对艺术和创意产业有什么样的意义,尼古拉斯凭借长时间使用 AI 辅助设计的经验,给出了独特的见解。

作为一名艺术家和设计师，我一直把 AI 当作我的创意工具。

使用 AI 进行艺术创作和设计的美妙之处在于，它没有任何限制。你可以想出任何疯狂的点子，并把它实现。你可以让 AI 组合那些可能永远不会放在一起的东西，比如奶酪通心粉，再加上一只霸王龙！你可以让它设计出一只由奶酪通心粉做成的霸王龙，还能让它动起来！

也许，你不喜欢画画，也不知道如何制作动画。AI 可以为你做到这一点，但它仍然需要你的创意和伟大的新点子。我喜欢 AI，因为它可以让我通过组合那些完全不搭调的东西，来发现新的概念。作为艺术工具，AI的使用方式可以说是无边无际的。

为艺术爱好者服务的 AI

不仅仅是艺术家在用新的方式玩转 AI，艺术爱好者也能从这项技术中受益。有一种方式就是使用艺术推荐系统。AI 增强的计算机，可以根据你

的个人喜好，向你推荐艺术
作品。

你一定在听音乐时碰
到过这种情况，音乐流媒
体服务会根据你最近听过
的歌曲推荐新的歌曲。艺
术也是一样的。这对艺术家
来说是好事，因为这让更多人看到
了他们的作品。对艺术爱好者来说，这也是好事，
因为这让他们接触到更多的艺术家。

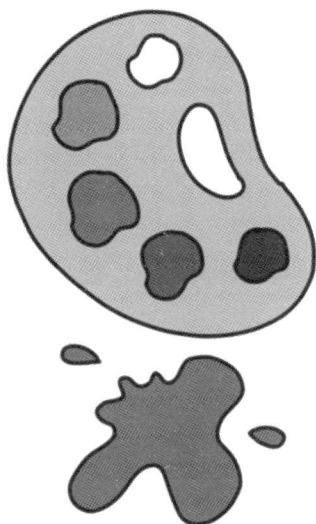

有了 AI，世界还需要艺术吗？

尽管如此，围绕 AI 和艺术的话题确实有些
争议。

很多从事艺术工作的人担心 AI 会取代他们
的工作。比如插画家靠画画赚钱，可是电脑能比

任何插画家都画得更快、更便宜。作家也有同样的担心。甚至演员们也在担心，因为现在电脑可以制作出任何人的 3D 动画，甚至模仿他们的声音。

AI 正在推动我们重新思考什么是艺术、谁是艺术家，以及什么是真正的创意。其实我们并不知道答案。要定义什么是艺术、谁是艺术家，这个决定权掌握在我们自己手中。

这并不是什么新鲜事。从摄影到电影，从数字设计到在线艺术……每当创意人士获得一种新的工具，创意的概念总是会受到挑战。

真正的问题是，你会用这些新工具做什么呢？你觉得什么是有趣的、什么是有价值的呢？这才是你要去思考的。

AI 是你的创意工具

正如我刚才提到的，AI 是一个很棒的模仿者。它可以根据人们输入到它软件中的数据，重新创作一幅艺术作品。它还可以根据你给它的例子，制作出一首朗朗上口的歌曲。是的，它甚至可以根据过去的真人明星，创作出自己的好莱坞明星版本。

但 AI 做不到的，是触及每一件伟大艺术作品背后的那份人类情感。它无法从自己的生活经历中汲取灵感，然后写出一首美

丽的诗或歌。它也不能像人类一样，爬上一座山；或是在一片野花田里漫步，从大自然中找到灵感。

只有我们人类才能做这些事情。艺术是想象力的产物，这也是为什么艺术永远属于我们。就像大卫·霍克尼（David Hockney），他是 20 世纪最有影响力的艺术家之一。这位英国人一直在尝试不同的技术，从相机到传真机。从 2010 年开始，他使用 iPad 创作了一系列数字绘画。后来，他又引入了 AI，让作品更具独特性。这些伟大的艺术作品在 AI 的帮助下得以完成，但如果没有霍克尼那非凡的才能，它们是永远不可能诞生的。

永远记住：AI 可以帮助我们创造新的艺术，但想象和创造的过程永远属于我们。

技术小知识

深度伪造

我们这个"技术小知识"栏目中的大多数内容，都讲述了激动人心的技术革新，这些技术正在推动 AI 的神奇未来。但像所有工具一样，有时候这些令人惊叹的新技术也可以被用来做坏事。

"深度伪造"是一种由 AI 生成视频和音频的程序，可以复制一个真人的声音和样貌（通常是名人），让他们在视频中说一些他们根本没有说过的话。往好了说，深度伪造可以很搞笑，让人说出一些他们平时绝对不会说的话；但往坏了说，它可能会试图欺骗你，让你相信一个你一直信任的人在说一些他们根本没说过的话。

要防止深度伪造的影响，最好的方法是，始终跟父母、老师或你信任的人确认，确保你看到和听到的内容是真的。不过深度伪造生成的视频会有一些明显迹象：

○ 背景有点模糊，视频看起来像是有小方块的像素化图像。

○ 视频里的人面部动作可能看起来有点奇怪、不自然。

○ 他们的声音和嘴型不同步。

○ 好得令人难以置信——如果视频中的人说的事情过于完美，或者太怪诞，那么它很可能就是假的。

○ 如果它来自一个不可靠的网站或不值得信任的社交媒体平台，那么它更有可能是假的。

第九章

上传中……

学校和工作

你不会被取代，但也别用AI写作业！

确认

未来的景象

在印度一个偏远的乡村小学里，老师摇响了铃铛，告诉学生们该上课了。学生们一个接一个走进教室，坐到座位上。他们不是拿出铅笔和纸来开始上课，而是戴上了虚拟现实头盔。每个学生都有自己的 AI 辅导员，他会进行 30 分钟的个人化辅导，根据每个学生的需要量身定制。这个学生要多做几道数学题，那个学生则需要多上一节生物课。

接下来，是虚拟课堂旅行的

时间，教室里充满了兴奋的气氛。孩子们已经期待这次旅行好几周了。过了一会儿，他们就来到了一个由 AI 生成的宝莱坞影棚，跟着著名的演员和导演学习电影制作的艺术。在这堂课上，孩子们甚至只需要和 AI 制片软件对话，就能制作出自己的电影——前提是，他们不要一直互相抢话！

AI 对未来的学校意味着什么呢？回想一下那台不起眼的计算器——虽然计算器能帮助你做数学题，但这并不意味着学会自己做数学题就不重要了。就像我们在这本书里看到的，AI 是一种人们可以经常使用的工具，未来孩子们也将在学校里经常使用 AI。

现在，有人担心学生用 AI 做作业，学会偷懒了，再也不思考了。但我不同意这个看法。当年用计算器的学生仍然在学校里学习，只是他们的学习方式与前几代学生不同而已。

这就是 AI、学校，甚至将来工作的关键——我们需要以不同的方式学习，使用新工具、开发新技能。

问问专家吧！

特约嘉宾：安德鲁·梅纳德
大学教授兼作家

安德鲁·梅纳德是一位大学教授和作家，他研究 AI 和未来的科技。他教学生们如何在学业和工作中使用 ChatGPT 等 AI 工具，帮助他们做好准备，让他们在未来能与 AI 更好地"合作"。

AI 之所以令人兴奋，是因为它将为学生在学校以及他们长大后从事的工作提供新的机会。

所以，如何熟练地让 AI 为自己所用，以下四种技能就显得格外重要了：

1. 能够提出一个好问题。
2. 倾听并理解问题的答案。
3. 思考你的第二个问题以及后续问题应该是什么。
4. 能够用语言表达自己。也就是说，能够把你头脑中的想法转化成其他人和 AI 都能理解的语言后说出来。

未来，我们与 AI 的几乎所有互动，都将通过对话来进行。这就是为什么沟通和自我表达如此重要。

当 AI 走进学校

当你把 AI 工具带到学校,你会发生什么呢?今天,你可以用 AI 写语文课后的作文,或者写生物课的实验报告。**但是你真的不应该那样做。**

嗯,我听到你问为什么。首先,这样做就偏离了上学的真正意义。你上学是为了给未来做准备。学校和老师教你学会如何思考、提问和解决问题,AI 做不到这一点。实际上,如果你仔细想想,**学校教会你的是,如何不成为一个 AI**。学校教会你如何提问,如何与他人合作;学校给你机会分享你的原创想法,并与别人辩论。AI 可以成为学校里的一个有用工具,但你仍然需要保持创造力、好奇心和合作精神。

而且,你别忘了,**你可以用 AI 来写作文,但老师们也可以用 AI 来检查这个作文是你写的**

还是 AI 写的。事实上，老师有丰富的教学经验，通常有一些方法判断作业是不是 AI 写的。正如我们之前说过的，AI 不是人类。如果你曾经读过 AI 生成的内容，你会发现它完美但往往**缺少个性**。嗯，感觉有点像机器人。老师们熟悉你的写作风格，知道你经常犯的拼写错误、你写作时的语气，还有哪些东西你还没学过。对于他们来说，如果作业是 AI 写的，那会非常明显。没必要这样，用 AI 写作业真的不值得！

为老师和你服务的 AI 助教

好吧，作为一个教授，我不想让 AI 帮你写作业。

但是，课堂上使用 AI，并不是让聊天

机器人帮你写作业。AI 将以许多不同的方式帮助学生和老师，而这些方法和生成式内容无关。

我们已经看到 AI 在其他领域，比如科学和医疗中是非常优秀的助手。未来，老师们会有自己的 AI 助手，这样可以节省很多时间，以便让老师做他们最擅长的事情——帮助你学习！老师们每天要花很多时间做一些重复的工作，比如批改作业和检查出勤情况。而 AI 可以在你睡梦中就完成所有这些工作（毕竟，AI 又不用睡觉，你明白我的意思）。

AI 还可以帮助批改作业，尤其是那些需要处理很多数字和资料的科目。但它不会取代老师，它只是初步批改作业，然后把结果传给老师，让老师来打最终的分数。

　　还有为学生服务的 AI 助手——也就是为你量身定制的私人 AI 导师。AI 导师可以查看你的完整学业记录，一直追溯到每一学年的成绩，发现一些你独特的学习趋势和模式，并根据这些情况为你提供帮助。如果你一直擅长数学，但突然成绩有所下滑，AI 导师可能会建议你做一些额外的习题来帮助你提高。

　　在不久的将来，你的 AI 导师还可以帮助你规划学业的未来，甚至根据你的成绩、兴趣和课外活动，帮助你找到最理想的大学和专业。当然,最终的决定权还在你手里。总之,AI 将会在必要的时候帮助你，让你的体验更加美好。

谣言粉碎机

谣言：AI 将取代所有人类的工作！

真相：技术被当成"工作杀手"，这个误解由来已久。举个例子，当德国金匠约翰·古腾堡在 15 世纪中期发明第一台印刷机时，人们说这意味着"抄写员"这个职业的消失——也就是那些手工抄写书籍、小册子和其他读物的工人将失业。这个说法没错。但印刷机也创造了许多其他的工作机会，因为它让几乎每个人都有机会学习读书。AI 也是一样。不幸的是，一些依赖大量自动化操作的工作可能会消失。但 AI 技术会为人类创造出许多新的知识和发现，包括我们在这本书里提到的所有内容。简而言之，AI 将会创造出新的职业，而这些职业今天还根本不存在。

如何为未来的工作做好准备

接下来，我会给你一些建议，聊聊面对拥有 AI 的未来，应该怎样做好准备。剧透提醒：接下来超棒的！

但是我想谈谈工作和你未来的职业。你看，父母、老师和大多数成年人都喜欢谈论工作、谈论你的未来。他们对这个话题有点痴迷。他们之所以这么关心你未来的工作，是因为他们希望你能成功、想让你快乐、拥有想要的一切。这其实不是坏事，对吧？

但有时候，这也会给你带来不小的压力。你可能还不知道将来想做什么，这没关系。你有足够的时间去想明白，也有足够的时间改变主意。但是，如果我们想认真地对待你的未来——我想既然你已经读到这里了，你肯定超级认真——那太好了，就让我们谈谈。

你的未来将和你父母正在经历的未来——也就是今天——完全不同。你将需要一些特别的技能才能在未来取得成功，而这些技能和过去人们学到的技能是不同的。你将需要理解 AI，并探索它如何帮助你走向未来（你通过读这本书，已经学到很多啦）。你还需要更有人情味，你的社交能力和语言表达能力将变得非常重要。你还需要有同理心，能够理解别人，这样，你才能把自己的想法准确地传达给别人，以及 AI。

有了 AI，你的未来会是什么样子?

第十章

上传中……

AI 和你的未来

我们将在这里探索你的未来，如何想象它，以及如何让它成为现实！

确认

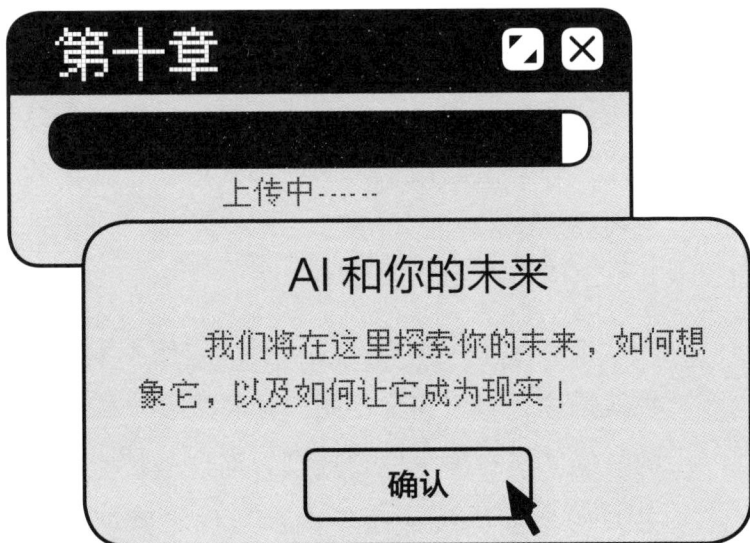

关于 AI，你需要知道的一切——秘密揭晓！（你有没有跳到这里来看？）

要了解关于 AI 的一切，秘诀就是要永远保持好奇心。不断学习更多的知识，不断提问，不断保持批判性思维——你不必相信 AI 告诉你的一切。

而且你知道吗？

你已经在这样做了！你把这本书读到这里，已经表现出足够的好奇心。你现在知道如何提问、如何寻找答案了。

你已为未来做好了准备。你将不断地更新自己的储备，去了解关于 AI 的最新动向。

问问专家吧！

特约嘉宾：史蒂夫·布朗
未来学家

史蒂夫·布朗是一位未来学家，他曾与多家科技公司合作，帮助他们为未来做好准备。

如果你想确保自己在有 AI 的未来取得成功，我会说，首先要确保你生活快乐、有朋友，也有自己喜欢做的事情。

当然，稍微了解一下 AI 的工作原理和它能做什么，这也很重要。但更重要的是，确保你的生活丰富精彩，并且愿意花时间去实现你的热爱，去开发各种不同的爱好！

谈到 AI 的未来，其实重点不在 AI 本身，而在于你和你的生活、在于你如何利用这些新的 AI 工具来度过你的每一天，创造出惊人的新东西。如果你只专注于技术，那你关注的方向可能错了。记住，你自己，比任何技术或 AI 都更重要。

想象你的未来

我们一起花这些时间谈了 AI 是什么以及不是什么，我们还探索了为什么这么多人在讨论 AI，以及为什么有些人担心它。

我们像坐过山车一样，体验了 AI 如何让你生活中很酷的东西变得更酷：你将和恐龙互动，踢足球踢得更棒，甚至和你的宠物交谈！

现在，让我们来谈谈你的未来吧。这就是我作为未来学家的工作。当我和别人谈论他们的未来时，我总是先问他们一个问题：

你想要什么样的未来？

你可能觉得我的问题有点像父母、老师或别的大人总是问你的问题：你长大后想做什么？

　　但其实不是。我不太喜欢这个问题，只是想让你回答得更具体一些。

　　因为你已经了解未来可能是什么样子，了解有那么多精彩的可能性——我希望你开始思考一下自己。

　　你未来想成为什么样的人？等等，这个问题太宽泛了。我们试试这个：你未来的一个星期二会是什么样子？早上醒来会是什么感觉？你的房间会是什么样子？你会吃什么早餐？

　　我不想知道你未来会做什么工作。
　　告诉我，你想做哪些有趣的事情吧！

你想和什么样的人一起度过时光呢？古生物学家？动物学家？火山学家？想一想我们在这本书里提到的所有人吧！也许你不仅想和"人类"在一起，也想和毛茸茸的动物朋友们一起玩。你会吃什么午餐？你做些什么才玩得开心呢？

　　我想你明白我的意思了。我想问的，不是"你长大后想做什么"，而是"你想做什么"。具体来说，你对什么感兴趣？在前面的章节中，有哪些内容让你觉得很有趣？如果有，那就太棒了！

　　在前面的章节中，有什么是你一点儿也不感兴趣的（那也不错）？有时候，知道自己不想做什么，也就是对什么不感兴趣，其实更有帮助，因为这样你就可以专注于你真正想做的事情啦。

　　所以，和我一起做这个思想试验吧！告诉我你未来的故事。详细地告诉我，你现在对什么感兴趣。如果明天你的兴趣改变了也没关系——
这也是一件好事，因为，所有事物会随时间
变化。随着你长大成人，你也会发生变化。

未来会怎样？

嗯，这都取决于你。

想一想你想要的未来吧。把它写在一张
纸上。

记得我们之前提到的问题——未来的某
一天，你早上醒来时，生活会是什么样子？

你会住在哪里？你会吃什么早餐？你想
和什么样的人在一起？

然后，停止思考。去上学，去看电视，
或是吃个早餐，玩个游戏。

过几天之后，回过头来看一看你写的内
容。你还同意吗？如果同意的话,继续前进吧。
如果不同意，那就再改改，再写一遍。这也
很棒!

我为什么要让你这样做？因为，AI 其实只是一种有趣的软件，能做一系列特定的事情罢了，它未来怎么发展，完全取决于你。

　　当然了，AI 能做的那些事情里面，会有很多你意想不到的变化。但 AI 能做的事情总归是有限的。而你呢，你是不受限制的。你的创意、想法、幽默感、时尚感以及和朋友们的关系，都是无限的！

　　让 AI 的未来变得更有趣的，是你。

　　重要的是你想用 AI 做什么。而这一点，实际上是和你具体想做的事情直接相关的。

一定要学习编程吗？

那么，AI 如何帮助你在刚才描绘的未来中取得成功呢？你又该如何为这个未来做准备呢？

许多人可能会告诉你，要学会编程、学会如何写代码之类的。如果你想这样做，就太棒了！

但是，如果我告诉你，你可以在 AI 的帮助下拥有一个美好的未来，而且不需要学编程呢？哎呀——对我来说有点奇怪，因为我是一个热爱编程的工程师。但请相信我。

我想告诉你一些新的东西，是别人还没有告诉过你的。

是的，你不一定要学编程或者成为一名工程师，才能在未来取得成功。

这是因为，无论你是否学习编程相关专业，和 AI 有关的知识，都将成为你未来工作的一部分。

看看我们在这本书里讨论的所有内容。如果

你想成为一名……

足球运动员、火山学家、古生物学家、艺术家、设计师、舞蹈家……你都将使用 AI !

这样的例子还可以有很多。所以，我想这就是关于你的未来和 AI 的"谣言粉碎机"。——你不用成为编程专家，但必然会在生活和工作中熟练运用 AI。

就像如今的电脑和互联网一样，哪怕你没有意识到这些技术，或者你不想用它们——它们仍然是你生活的一部分。

但对你来说——你可能不会认为上网搜索、玩游戏或联系朋友是一种震撼人心的体验。未来的 AI 的秘密之一就是，今天大家说起 AI 都说是个了不起的大事，但将来，你会觉得那完全没什么大不了的。

技术小知识（未来版）

通用人工智能（AGI）

AI 领域有一些进步还没有发生，但人们已经在谈论它们了。

其中最大的一个还没有发生的"进步"，叫作通用人工智能，简称 AGI。AGI 和我们在这本书里探索的其他各种 AI 很像，但一个真正的重大区别是，AGI 是一种高层次的 AI，它们能够在不同的领域展现智能，而不仅仅针对某个特定的任务（比如聊天，或是探索自然）。它们与人类一样聪明，甚至可能比人类还聪明，因为它们有自主学习能力，也会有自我意识和情感。人们最担心的是，AGI 可能会脱离人类的控制，然后伤害人类。但也有一些人对 AGI 可能带来的新发现感到兴奋。

他们说，AGI 会让我们的生活比现在美好得多。

不过，在你过于兴奋或担忧之前，关于 AGI 是否可能实现，还有巨大的争议。我曾和一位脑科学家交谈，他认为 AGI 永远不会实现，因为我们人类目前还不能完全明白我们的脑袋是如何工作的，所以我们现阶段无法制造出比人类更聪明的机器。另一位计算机科学家告诉我，我们需要把机器智能看作是跟人类的智能完全不同的东西。他认为，如果 AGI 真的出现了，它不会是威胁，只是一台很聪明的机器，但跟我们人类的聪明不一样。

但由于 AGI 还没有出现，我们还没法知道答案。相信这也是一个值得你关注的领域。

问问专家吧！

特约嘉宾：娜塔莉·瓦纳塔
网络安全专家、教授、作家、代数学家

娜塔莉有一个超级酷的头衔——她是一位代数学家！这让她特别擅长密码学和网络安全工作。她的工作是帮助人们防范 AI 可能带来的威胁。

任何可以用来做好事的技术，也可以用来做坏事。

AI 也是一样的。这取决于人们如何使用 AI，想让 AI 做什么。人们可以用 AI 来让世界变得更好，也可以用 AI 来犯罪或者伤害别人。但这不应该让你担心。这并不是什么新鲜事。其实它就像一辆车，人们可以乘车去旅行、上学、看电影——这些都是好事。但也有人可能在抢劫银行后，用汽车充当逃跑的工具。或者有人乱开汽车，可能会撞到过马路的行人，伤害他们。

你看，汽车无所谓好坏，关键在于人们怎么使用它。重要的是，我们有法律法规来规范人们如何使用汽车，如果有人不遵守这些规则，就会受到惩罚。AI 也会是一样的。

迎接这个全新的未来吧！

那么，你能做些什么，来为这个不可避免的 AI 时代做好准备呢？嗯，最重要的一步就是了解 AI 的基本原理，还有它能做什么。

我有个秘密要告诉你。你快读完这本书了，所以你已经完成了这一步！**你正在为你的未来做准备。** 知道了这一点——你可能还想再读一遍哦！

那么，未来，你想做什么呢？

无论什么，无论你会怎么改变主意，你都可以自信地说，你已经掌握了 AI 的基本原理。你现在知道了很多关于 AI 将来能做什么的例子；还知道一些 AI 不一定做得到，但有可能做得到的事情。

我等不及想看看你会做些什么！

等等，还有一件事!

但是——你还需要做一件事，而且它非常重要。

你还需要帮助其他人了解 AI 的未来。你现在已经知道它是什么、它能做什么、它将会做什么，以及为什么有些人担心它。

我需要你帮助你的朋友、你周围的人一起了解 AI 的未来可能是什么样子。

这很重要，
因为未来取决于你。

真的，我是认真的。我是一名未来学家，这就是为什么我写了这本书，以及为什么我们现在要进行这次对话——你将塑造 AI 未来的样子。

　　你将帮助其他人了解 AI 的未来。你拥有这种力量。仔细想想，你有点像 AI 超级英雄。大多数超级英雄都是这样的作风，对吧？

　　因为 AI 将成为我们未来所做的一切的一部分，就像今天的计算机和互联网一样。用 AI 建设更美好的未来，意味着为我们所有人建设更美好的未来——为了整个地球！

　　但请记住，一定要用 AI 做好事。

**　　创造你想要的未来吧。**

　　永远保持人性，保持自由！记住，AI 是一种工具，而人类大脑所拥有的创造力和智慧，是任何东西都比不上的。

加载完成！